U0171594

"十三五"国家重点出版物出版规划项目
名校名家基础学科系列

大学数学教程（中少学时）
二分册　微积分　下

车明刚　秦　雪　程晓亮　张双红　王玉杰　张　平　编

机 械 工 业 出 版 社

微积分课程是高等学校理工类专业的一门重要基础课. 针对部分专业中微积分这门课程的学时较少, 编者编写了本套微积分教材.

　　本套书共分上下两册. 上册包括函数、极限与连续, 导数与微分, 微分中值定理和导数的应用, 不定积分和定积分. 下册包括空间解析几何初步、多元函数微分法及其应用、二重积分和无穷级数. 本书为下册.

　　本书适合高等学校理工类以及经济管理类各专业学生作为教材使用, 也可供自学者阅读.

图书在版编目（CIP）数据

大学数学教程：中少学时. 二分册，微积分. 下/车明刚等编. —北京：机械工业出版社，2021.10

（名校名家基础学科系列）

"十三五"国家重点出版物出版规划项目

ISBN 978-7-111-69397-0

Ⅰ.①大…　Ⅱ.①车…　Ⅲ.①高等数学-高等学校-教材②微积分-高等学校-教材　Ⅳ.①O13

中国版本图书馆CIP数据核字（2021）第212342号

机械工业出版社（北京市百万庄大街22号　邮政编码100037）
策划编辑：韩效杰　责任编辑：韩效杰　李　乐
责任校对：陈　越　封面设计：鞠　杨
责任印制：张　博
涿州市般润文化传播有限公司印刷
2022年1月第1版第1次印刷
184mm×260mm · 7.5印张 · 177千字
标准书号：ISBN 978-7-111-69397-0
定价：29.00元

电话服务　　　　　　　　　　网络服务
客服电话：010-88361066　　机 工 官 网：www.cmpbook.com
　　　　　010-88379833　　机 工 官 博：weibo.com/cmp1952
　　　　　010-68326294　　金 书 网：www.golden-book.com
封底无防伪标均为盗版　　机工教育服务网：www.cmpedu.com

前　言

微积分是高等数学中研究函数的微分、积分以及有关概念和应用的数学分支，它是数学的一门基础课程，内容主要包括极限、微分学、积分学及其应用. 微分学包括求导数的运算，是一系列关于变化率的理论. 它使得函数、速度、加速度和曲线的斜率等均可用一套通用的符号进行讨论. 积分学，包括求积分的运算，为计算面积、体积等提供一套通用的方法.

目前，微积分在自然科学、工程技术、经济与管理等众多方面都有着各种重要的应用. 同时，它也是高等学校理工类与经济管理类各专业的一门重要基础课. 微积分的知识是学生学习专业课的基础，它的抽象逻辑性可以培养学生的思维能力. 但在某些专业中这门课程的学时仍旧较少，本套书主要是根据这些专业的学时要求而编写的. 本套书遵循教师易教学生易学的原则，重点讲授微积分的基本概念、基本定理以及基本方法等，对于其他问题不做深入讨论. 本套书利用问题引出概念，并在每小节配有习题，章末配有总习题，便于学生理解.

本套书以函数为主线，包括极限、导数与微分、积分及级数等内容. 上册第 1~3 章主要介绍一元函数的极限、连续、导数和微分的相关内容，同时介绍了微分中值定理及其应用；第 4、5 章主要介绍一元函数积分学的相关内容. 下册第 1 章主要介绍空间解析几何的初步知识，为微分和积分知识由一元函数向多元函数推广做相关知识准备. 第 2 章介绍多元函数的极限、连续，以及偏导数和全微分等内容. 第 3 章介绍重积分的概念及相关计算和应用. 第 4 章主要介绍级数的相关内容.

由于编者水平有限，书中难免有不妥之处，恳请读者批评指正.

编　者

目　　录

第 1 章

空间解析几何初步

本章首先引入向量的概念及运算, 进而建立空间坐标系, 然后利用代数方法研究空间平面和直线, 以及几种特殊的曲面和曲线. 这些内容对学习多元函数微积分将起到重要的作用.

1.1 向量及线性运算

1.1.1 向量的概念

我们经常遇到的像时间、质量、功、长度、面积与体积等这种只有大小的量叫作数量. 像位移、力、速度、加速度等这种不但有大小, 而且还有方向的量就是向量.

> **定义 1.1.1** 既有大小又有方向的量叫作**向量**, 或称**矢量**, 简称**矢**.

我们用有向线段表示向量, 有向线段的始点与终点分别叫作向量的始点和终点, 有向线段的方向表示向量的方向, 而有向线段的长度代表向量的大小. 始点是 A, 终点是 B 的向量记作 $\overrightarrow{AB}$, 在手写时常用带箭头的小写字母 $\vec{a}$, $\vec{b}$, $\vec{c}$, $\cdots$ 表示, 而在印刷时常用黑体字母 $\boldsymbol{a}$, $\boldsymbol{b}$, $\boldsymbol{c}$, $\cdots$ 来表示向量 (见图 1.1.1).

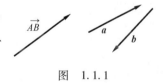

图 1.1.1

向量的大小叫作向量的**模**, 也称为向量的长度, 向量 $\overrightarrow{AB}$ 与 $\boldsymbol{a}$ 的模分别记作 $|\overrightarrow{AB}|$ 与 $|\boldsymbol{a}|$.

模等于 1 的向量叫作**单位向量**, 与向量 $\boldsymbol{a}$ 具有同一方向的单位向量叫作向量 $\boldsymbol{a}$ 的单位向量, 常用 $\boldsymbol{a}^0$ 来表示.

模等于 0 的向量叫作**零向量**, 记作 $\boldsymbol{0}$, 它是起点与终点重合的向量, 零向量的方向不确定, 可以是任意方向. 不是零向量的向量叫作非零向量.

由于在几何中, 我们把向量看成是一个有向线段, 因此像对待线段一样，下面说到向量 **a** 与 **b** 相互平行，意思就是它们所在的直线相互平行，并记作 **a//b**，类似地我们可以说一个向量与一条直线或一个平面平行等.

> **定义 1.1.2**　如果两个向量的模相等且方向相同，则称为**相等向量**.

所有的零向量都相等，向量 **a** 与 **b** 相等，记作 **a=b**.

根据定义 1.1.2，对于不在一条直线上的两个相等的非零向量 $\overrightarrow{AB}$ 与 $\overrightarrow{A'B'}$，如果用线段分别连接它们的一对起点 A 与 A'，一对终点 B 与 B'，那么显然得到一个平行四边形 $ABB'A'$（见图 1.1.2）；反过来，如果用这种办法从两个向量得到一个平行四边形，那么这两个向量就相等.

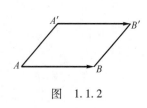

图　1.1.2

两个向量是否相等与它们的始点无关，只由它们的模和方向决定，我们以后运用的正是这种始点可以任意选取，而只由模和方向决定的向量，这样的向量通常叫作自由向量.

也就是说，自由向量可以任意平行移动，移动后的向量仍代表原来的向量，在自由向量的意义下，相等的向量都看作是同一自由向量. 由于自由向量始点的任意性，按需要我们可以选取某一点作为所研究的一些向量的公共始点，在这种场合，我们就说，把那些向量归结到共同的始点.

必须注意，由于向量不仅有大小，而且还有方向，因此，模相等的两个向量不一定相等，因为它们的方向可能不同.

> **定义 1.1.3**　两个模相等、方向相反的向量互为**反向量**，向量 **a** 的反向量记作 -**a**.

显然，向量 $\overrightarrow{AB}$ 与 $\overrightarrow{BA}$ 互为反向量，也就是 $\overrightarrow{AB} = -\overrightarrow{BA}$. 或 $\overrightarrow{BA} = -\overrightarrow{AB}$. 如果把彼此平行的一组向量归结到共同的始点，这组向量一定在同一条直线上；同样，如果把平行于同一平面的一组向量归结到共同的始点，这组向量一定在同一个平面上.

> **定义 1.1.4**　非零向量 **a**，**b**，从同一起点 O 作有向线段 $\overrightarrow{OA}$、$\overrightarrow{OB}$ 分别表示 **a** 与 **b**，把由射线 OA 和 OB 构成的角度在 0 与 π 之间的角称为 **a** 与 **b** 的夹角. 记作$\langle \boldsymbol{a},\boldsymbol{b} \rangle$.

> **定义 1.1.5**　平行于同一直线的一组向量叫作**共线向量**. 零向量与任何共线的向量组共线.

定义 1.1.6 平行于同一平面的一组向量叫作**共面向量**. 零向量与任何共线的向量组共面.

显然，一组共线向量一定是共面向量，三个向量中如果有两个向量是共线的，这三个向量一定也是共面的.

1.1.2 向量的线性运算

1. 向量的加法

定义 1.1.7 对向量 a，b，从同一起点 O 作有向线段 $\overrightarrow{OA}$、$\overrightarrow{OB}$ 分别表示 a 与 b，然后以 $\overrightarrow{OA}$、$\overrightarrow{OB}$ 为邻边作平行四边形 $OACB$，则我们把平行四边形的对角线向量 $\overrightarrow{OC}$ 称为**向量 a 与 b 的和**，记作 $a+b$.

这种求和方法称为**平行四边形法则**（见图 1.1.3）. 以向量 a 的终点作为向量 b 的起点，则由 a 的起点到 b 的终点的向量也是 a 与 b 的和. 这种求和方法称为**三角形法则**. 在自由向量的意义下，两向量合成的平行四边形法则可归结为三角形法则，如只要将图 1.1.3 向量 $\overrightarrow{OB}$ 平移到 $\overrightarrow{AC}$ 的位置就行了（见图 1.1.4）.

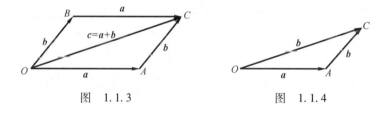

图 1.1.3 　　　　　　图 1.1.4

求两向量 a 与 b 的和的运算叫作向量加法. 向量的加法满足下面的运算规律：

（1）交换律　$a+b=b+a$；

（2）结合律　$(a+b)+c=a+(b+c)$；

（3）$a+0=a$；

（4）$a+(-a)=0$.

由于向量的加法满足交换律与结合律，所以三向量 a，b，c 相加，不论它们的先后顺序与结合顺序如何，它们的和总是相同的，因此可简单地写成

$$a+b+c.$$

推广到任意有限个向量 a_1，a_2，$\cdots$，a_n 的和，就可以记作

$$a_1+a_2+\cdots+a_n.$$

有限个向量 a_1，a_2，$\cdots$，a_n 相加的作图法，可以由向量的三角形求和法则推广如下：自任意点 O 开始，依次引 $\overrightarrow{OA_1}=a_1$，$\overrightarrow{A_1A_2}=a_2$，$\cdots$，$\overrightarrow{A_{n-1}A_n}=a_n$，由此得一折线 $OA_1A_2\cdots A_n$（见图 1.1.5）。

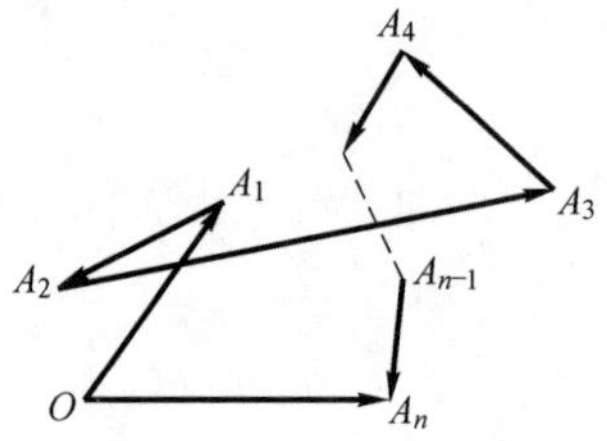

图 1.1.5

于是向量 $\overrightarrow{OA_n}=a$ 就是 n 个向量 a_1，a_2，$\cdots$，a_n 的和，即

$$a=a_1+a_2+\cdots+a_n,$$

也即

$$\overrightarrow{OA_n}=\overrightarrow{OA_1}+\overrightarrow{A_1A_2}+\cdots+\overrightarrow{A_{n-1}A_n}.$$

特别地，当 A_n 与 O 重合时，它们的和为零向量 **0**。

这样求和的方法叫作**多边形法则**。

2. 向量减法

> **定义 1.1.8** 当向量 b 与向量 c 的和等于向量 a，即 $b+c=a$ 时，我们把向量 c 叫作 a 与 b 的差，并记作 $c=a-b$。已知两向量，求它们差的运算叫作向量减法。

根据向量加法的三角形法则，有

$$\overrightarrow{OB}+\overrightarrow{BA}=\overrightarrow{OA},$$

所以由定义 1.1.7 得

$$\overrightarrow{BA}=\overrightarrow{OA}-\overrightarrow{OB}.$$

由此得到向量减法的几何作图法：自空间任意点 O 引出向量 $\overrightarrow{OA}=a$，$\overrightarrow{OB}=b$，那么向量 $\overrightarrow{BA}=a-b$（见图 1.1.6）。如果以 $\overrightarrow{OA}$，$\overrightarrow{OB}$ 为一对邻边构成平行四边形 $OACB$，那么显然它的一条对角线向量 $\overrightarrow{OC}=a+b$，而另一条对角线向量 $\overrightarrow{BA}=a-b$（见图 1.1.7）。

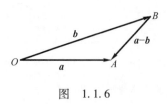

图 1.1.6

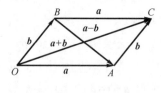

图 1.1.7

利用相反向量，可以把向量减法运算变为加法运算。即

$$a-b=a+(-b).$$

这表明 $a-b$ 求 a 与 b 的反向量 $-b$ 之和。又因为 $-b$ 的反向量就是 b，因此又可得

$$a-(-b)=a+b.$$

从向量减法的这个性质，可以得出向量等式的移向法则：在向量等式中，将某一向量从等号的一端移到另一端，只需要改变它的符号，例如将等式 $a+b+c=d$ 中的 c 移到另一端，那么有 $a+b=d-c$，这是因为从等式 $a+b+c=d$ 两边减去 c，即加上 $-c$，而 $c+(-c)=0$ 的缘故.

我们还要指出，对于任何的两向量 a 与 b，有下列不等式：

$$|a+b| \leqslant |a| + |b|.$$

这个不等式还可以推广到任意有限多个向量的情况：

$$|a_1+a_2+\cdots+a_n| \leqslant |a_1| + |a_2| + \cdots + |a_n|.$$

3. 数乘向量

我们知道，在向量的加法中，n 个向量相加仍然是向量，特别是 n 个相同的非零向量 a 相加的情形，显然这时的和向量模为 $|a|$ 的 n 倍，方向与 a 相同，n 个 a 相加的和记作 na.

> **定义 1.1.9** 实数 λ 与向量 a 的乘积是一个向量，记作 λa. 其模是 $|\lambda a| = |\lambda| \, |a|$；$\lambda a$ 的方向：当 $\lambda>0$ 时，λa 与 a 同向；当 $\lambda<0$ 时，λa 与 a 反向；当 $\lambda=0$ 时，$\lambda a=0$.
> 我们把这种运算叫作数量与向量的乘法，简称数乘.

对于任意向量 a，b 以及任意实数 λ，μ，有以下运算法则，即数量与向量的乘法满足下面的运算规律：

（1）$(\lambda\mu)a=\lambda(\mu a)$；

（2）$(\lambda+\mu)a=\lambda a+\mu a$；

（3）$\lambda(a+b)=\lambda a+\lambda b$.

特殊地，当 $\lambda=-1$ 时，$(-1)a$ 就是 a 的反向量，因此我们常把 $(-1)a$ 简写成 $-a$.

已知非零向量 a 和它的单位向量 a^0，有

$$a=|a|a^0, \ \text{或} \ a^0=\frac{a}{|a|}.$$

由此可知，一个非零向量乘以它的模的倒数，结果是一个与它同方向的单位向量.

向量的加法、减法及数乘向量运算统称为**向量的线性运算**，$\lambda a+\mu b$ 称为 a，b 的一个线性组合 $(\lambda,\mu \in \mathbf{R})$.

从向量的加法与乘法的运算规律知，对于向量也可以像实数及多项式那样去运算.

1.1.3 空间直角坐标系

若想确定空间一点的位置，就需要建立新的坐标系.

1. 空间直角坐标系

过空间一点 O，作三条两两互相垂直的数轴，分别标记为 x 轴、y 轴和 z 轴，这样就构成了**空间直角坐标系**，记作 $Oxyz$.

一般规定 x 轴、y 轴和 z 轴的位置关系遵循右手系：让右手的四个手指指向 x 轴的正向，然后让四指沿握拳方向转向 y 轴的正向，大拇指所指的方向为 z 轴的正向. 通常在各数轴上的单位长度相同. 把 x 轴、y 轴放置在水平平面上，z 轴垂直于水平平面(见图 1.1.8).

在空间直角坐标系 $Oxyz$ 中，点 O 称为坐标原点，简称原点；x 轴、y 轴、z 轴这三条数轴统称为坐标轴，分别称为**横轴、纵轴、竖轴**；由任意两条坐标轴所确定的平面称为**坐标面**，共有 xOy、yOz、zOx 三个坐标面；三个坐标面把空间分隔成八个部分，每个部分依次分别称为第一、第二直至第八卦限，其中第一卦限位于 x,y,z 轴的正向位置，第二至第四卦限也位于 xOy 面的上方，按逆时针方向排列；第五卦限在第一卦限的正下方，第六至第八卦限也在 xOy 面的下方，按逆时针方向排列(见图 1.1.9).

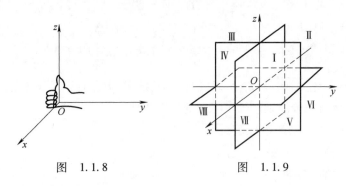

图　1.1.8　　　　　　　　图　1.1.9

2. 空间点的直角坐标

我们将通过空间直角坐标系，建立空间中的点与由三个实数组成的有序数组的关系，即空间中点与坐标之间的关系.

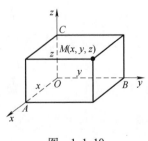

图　1.1.10

如图 1.1.10 所示，设 M 为空间中的任意一点，过点 M 分别作垂直于三个坐标轴的三个平面，与 x 轴、y 轴和 z 轴依次交于 A、B、C 三点，若这三点在 x 轴、y 轴、z 轴上的所对应的数值分别为 x,y,z，这样点 M 就唯一地确定了一组三元有序数组 (x,y,z)，则称该三元有序实数数组 (x,y,z) 为点 M 在该空间直角坐标系中的坐标，记作 $M(x,y,z)$ 或 $M=(x,y,z)$，x，y，z 分别称为点 M 的横坐标、纵坐标和竖坐标，也称为点 M 在 x，y 和 z 轴上的分量.

反之，如果任给一组三元有序数组 (x,y,z)，在空间直角坐标系中可唯一确定一点.

显然，原点 O 的坐标分量均为 0，即 $O(0,0,0)$；若点 M 在 xOy 坐标面上则 $M=(x,y,0)$；若点 M 在 x 轴上，则 $M=(x,0,0)$.

类似可得其他坐标面或坐标轴上点的坐标特征. 八个卦限内点的三个坐标分量均不为零, 各分量的符号由点所在的卦限确定.

类似于平面直角坐标系下的情形, 可以讨论关于坐标轴、坐标面、坐标原点对称的点的坐标关系. 例如, 点 (x,y,z) 关于 x 轴对称的点为 $(x,-y,-z)$; 点 (x,y,z) 关于 xOy 坐标面对称的点为 $(x,y,-z)$; 点 (x,y,z) 关于原点对称的点为 $(-x,-y,-z)$; 等等.

3. 向量的坐标表示

在空间直角坐标系 $Oxyz$ 中, 在 x 轴、y 轴、z 轴上各取一个与坐标轴同向的单位向量, 依次记作 $\boldsymbol{i}$, $\boldsymbol{j}$, $\boldsymbol{k}$, 它们称为**该直角坐标系的基本单位向量**. 空间中任一向量 $\boldsymbol{a}$, 都可以唯一地表示为 $\boldsymbol{i}$, $\boldsymbol{j}$, $\boldsymbol{k}$ 数乘之和.

事实上, 设 $\boldsymbol{a}=\overrightarrow{MN}$, 过 M、N 作坐标轴的投影, 如图 1.1.11 所示.

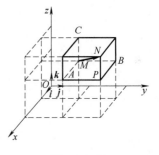

图　1.1.11

$$\boldsymbol{a}=\overrightarrow{MN}=\overrightarrow{MA}+\overrightarrow{AP}+\overrightarrow{PN}=\overrightarrow{MA}+\overrightarrow{MB}+\overrightarrow{MC}.$$

由于 $\overrightarrow{MA}$ 与 $\boldsymbol{i}$ 平行, $\overrightarrow{MB}$ 与 $\boldsymbol{j}$ 平行, $\overrightarrow{MC}$ 与 $\boldsymbol{k}$ 平行, 所以, 存在唯一的实数 x, y, z, 使得

$$\overrightarrow{MA}=x\boldsymbol{i},\quad \overrightarrow{MB}=y\boldsymbol{j},\quad \overrightarrow{MC}=z\boldsymbol{k},$$

即

$$\boldsymbol{a}=x\boldsymbol{i}+y\boldsymbol{j}+z\boldsymbol{k}. \tag{1.1.1}$$

我们把式 $(1.1.1)$ 中 $\boldsymbol{i}$, $\boldsymbol{j}$, $\boldsymbol{k}$ 系数组成的有序数组 (x,y,z) 叫作**向量 $\boldsymbol{a}$ 的直角坐标**, 记为 $\boldsymbol{a}=(x,y,z)$. 向量的坐标确定了, 向量也就确定了.

式 $(1.1.1)$ 中的 x, y, z 是向量 $\boldsymbol{a}$ 分别在 x 轴、y 轴、z 轴上的投影. 因此, 在空间直角坐标系中的向量 $\boldsymbol{a}$ 的坐标就是该向量在三个坐标轴上的投影组成的有序数组.

把已知向量 $\boldsymbol{a}$ 的起点移到原点 O 时, 其终点在 C, 即 $\boldsymbol{a}=\overrightarrow{OC}$. 称 $\overrightarrow{OC}$ 为**向径**(或**矢径**); 从式 $(1.1.1)$ 中容易看出点 C 的坐标 (x,y,z) 恰为 $\boldsymbol{a}$ 的坐标, 即向量 $\boldsymbol{a}$ 的坐标就是与其相等的向径的终点坐标. 这样在建立了直角坐标系的空间中, 向量、向径、坐标之间就有了一一对应的关系(见图 1.1.12).

进一步可得以下结论:

在图 1.1.11 中, 若设空间两点 $M(x_1,y_1,z_1)$, $N(x_2,y_2,z_2)$, 则

(1) **向量坐标**:

$$\overrightarrow{MN}=\overrightarrow{ON}-\overrightarrow{OM}=(x_2-x_1,\ y_2-y_1,\ z_2-z_1),$$

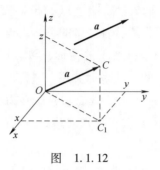

图 1.1.12

即向量坐标为终点坐标减去对应始点坐标.

（2）**向量的模**：若 $\boldsymbol{a}=(x,y,z)$，则

$$|\boldsymbol{a}|=\sqrt{x^2+y^2+z^2},$$

于是 $$|\overrightarrow{MN}|=\sqrt{(x_2-x_1)^2+(y_2-y_1)^2+(z_2-z_1)^2}.$$

4. 向量的方向角与方向余弦

设 $M(x_1,y_1,z_1)$，$N(x_2,y_2,z_2)$ 为空间两点，则得到空间两点 M 与 N 之间的距离公式：

$$d=\overrightarrow{MN}=\sqrt{(x_2-x_1)^2+(y_2-y_1)^2+(z_2-z_1)^2}. \tag{1.1.2}$$

非零向量 $\boldsymbol{a}$ 与三坐标轴正向的夹角 α，β，γ 称为向量 $\boldsymbol{a}$ 的方向角. 方向角的余弦值称为向量 $\boldsymbol{a}$ 的方向余弦.

若非零向量 $\boldsymbol{a}=(x_1,y_1,z_1)$ 的方向角 α，β，γ，则其方向余弦为

$$\begin{cases} \cos\alpha=\dfrac{x_1}{|a|}=\dfrac{x_1}{\sqrt{x_1^2+x_2^2+x_3^2}}, \\[3mm] \cos\beta=\dfrac{y_1}{|a|}=\dfrac{y_1}{\sqrt{x_1^2+x_2^2+x_3^2}}, \\[3mm] \cos\gamma=\dfrac{z_1}{|a|}=\dfrac{z_1}{\sqrt{x_1^2+x_2^2+x_3^2}}. \end{cases} \tag{1.1.3}$$

进一步，容易得到

$$\cos^2\alpha+\cos^2\beta+\cos^2\gamma=1. \tag{1.1.4}$$

5. 向量的线性运算坐标公式

引入向量的坐标以后，就可将向量的运算转化为代数运算，可得向量的加法、减法以及向量的数乘运算如下.

设在空间直角坐标系 $Oxyz$ 中，向量 $\boldsymbol{a}=(x_1,y_1,z_1)$ 及 $\boldsymbol{b}=(x_2,y_2,z_2)$，则由向量坐标的定义有

$$\boldsymbol{a}=x_1\boldsymbol{i}+y_1\boldsymbol{j}+z_1\boldsymbol{k},$$

$$\boldsymbol{b}=x_2\boldsymbol{i}+y_2\boldsymbol{j}+z_2\boldsymbol{k},$$

因此，

$$a \pm b = (x_1 i + y_1 j + z_1 k) \pm (x_2 i + y_2 j + z_2 k)$$
$$= (x_1 \pm x_2) i + (y_1 \pm y_2) j + (z_1 \pm z_2) k;$$
$$\lambda a = \lambda (x_1 i + y_1 j + z_1 k) = (\lambda x_1) i + (\lambda y_1) j + (\lambda z_1) k.$$

所以 $a \pm b$ 与 λa 的坐标分别为

$$a \pm b = (x_1 \pm x_2, \ y_1 \pm y_2, \ z_1 \pm z_2),$$
$$\lambda a = (\lambda x_1, \ \lambda y_1, \ \lambda z_1).$$

也就是说，向量的和（差）向量的坐标等于它们的坐标的和（差）. 数乘向量 λa 的坐标等于数 λ 乘以 a 的坐标.

例 1.1.1 用向量加法证明：对角线相互平分的四边形是平行四边形.

证 设四边形 $ABCD$ 的对角线 AC, BD 交于点 O 且互相平分（见图 1.1.13）. 从图中可以看出

$$\vec{AB} = \vec{AO} + \vec{OB} = \vec{OC} + \vec{DO} = \vec{DC},$$

因此 $\vec{AB} // \vec{DC}$ 且 $|\vec{AB}| = |\vec{DC}|$. 即四边形 $ABCD$ 为平行四边形.

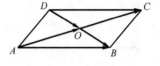

图 1.1.13

例 1.1.2 已知向量 $a = (-3, 0, 1)$ 始点 A 的坐标为 $(-3, 1, 4)$，求终点 B 的坐标.

解 设 $B(x, y, z)$，则 $a = (x+3, y-1, z-4) = (-3, 0, 1)$，所以 $x = -6$，$y = 1$，$z = 5$，即 $B(-6, 1, 5)$.

例 1.1.3 在 z 轴上求与点 $A(3, 5, -2)$ 和点 $B(-4, 1, 5)$ 等距的点 M.

解 由题意，可设 M 的坐标为 $(0, 0, z)$，且

$$|\vec{MA}| = |\vec{MB}|,$$

由公式 (1.1.2)，得

$$\sqrt{3^2 + 5^2 + (-2-z)^2} = \sqrt{(-4)^2 + 1^2 + (5-z)^2}.$$

从而解得

$$z = \frac{2}{7},$$

即所求的点为 $M\left(0, 0, \frac{2}{7}\right)$.

例 1.1.4 设 $a = (0, -1, 2)$，$b = (-1, 3, 4)$，求 $a+b$，$2a-b$.

解 $a+b = (0+(-1), -1+3, 2+4) = (-1, 2, 6)$；
$2a-b = (2 \times 0, 2 \times (-1), 2 \times 2) - (-1, 3, 4) = (0-(-1),$
$-2-3, 4-4) = (1, -5, 0)$.

习题 1.1

1. 在空间直角坐标系中，指出下列各点在哪个卦限：

$A(1,-1,1)$，$B(1,1,-1)$，$C(1,-1,-1)$，$D(-1,-1,1)$.

2. 在平行四边形 $ABCD$ 中，设 $\overrightarrow{AB}=\boldsymbol{a}$，$\overrightarrow{AD}=\boldsymbol{b}$，$M$ 为对角线 AC 与 BD 的交点，试用向量 $\boldsymbol{a}$，$\boldsymbol{b}$ 表示向量 $\overrightarrow{MA}$，$\overrightarrow{MC}$，$\overrightarrow{MB}$，$\overrightarrow{MD}$.

3. 求点 $P(2,-5,4)$ 到原点及各坐标轴和各坐标面的距离.

4. 在 yOz 平面上，求与三个已知点 $(3,1,2)$，$(4,-2,-2)$，$(0,5,1)$ 等距离的点.

5. 设点 P 在 x 轴上，它到点 $P_1(0,\sqrt{2},3)$ 的距离为到点 $P_2(0,1,-1)$ 的距离的两倍，求点 P 的坐标.

6. 已知两点 $M_1(0,1,2)$ 和 $M_2(1,-1,0)$，试用坐标表示式表示向量 $\overrightarrow{M_1M_2}$ 及 $-2\overrightarrow{M_1M_2}$.

7. 设 $\boldsymbol{a}=\boldsymbol{i}+2\boldsymbol{j}+3\boldsymbol{k}$，$\boldsymbol{b}=2\boldsymbol{i}-2\boldsymbol{j}+3\boldsymbol{k}$，求：（1）$\boldsymbol{a}+\boldsymbol{b}$，（2）$\boldsymbol{a}-\boldsymbol{b}$，（3）$2\boldsymbol{a}-3\boldsymbol{b}$.

8. 求 λ 使向量 $\boldsymbol{a}=(\lambda,1,5)$ 与向量 $\boldsymbol{b}=(2,10,50)$ 平行.

9. 设点 $A(1,-1,2)$，$B(4,1,3)$，求：

（1）$\overrightarrow{AB}$ 在三个坐标轴上的坐标和分向量；

（2）$\overrightarrow{AB}$ 的方向余弦.

10. 已知两点 $A(2,\sqrt{2},5)$，$B(3,0,4)$，求向量 $\overrightarrow{AB}$ 的模、方向余弦和方向角.

11. 设向量的方向余弦分别满足：（1）$\cos\alpha=0$；（2）$\cos\beta=1$，（3）$\cos\alpha=\cos\beta=0$，问这些向量与坐标轴或坐标面的关系如何？

1.2 数量积与向量积

1.2.1 数量积

1. 数量积的定义及运算规律

在物理学中我们知道，设有一个物体在常力 $\boldsymbol{F}$ 的作用下沿直线运动，如图 1.2.1 所示，以 $\boldsymbol{s}$ 表示位移，$\boldsymbol{F}$ 可以分解成在位移方向的投影 $\boldsymbol{F}_1$ 和垂直于位移方向的投影 $\boldsymbol{F}_2$ 两部分，仅 $\boldsymbol{F}_1$ 对位移做功. 记 $\boldsymbol{F}$ 与 $\boldsymbol{s}$ 的夹角为 θ，则力 $\boldsymbol{F}$ 所做的功为

$$W=|\boldsymbol{F}||\boldsymbol{s}|\cos\theta,$$

其中 θ 为 $\boldsymbol{F}$ 与 $\boldsymbol{s}$ 的夹角.

上述等式的右端称为 $\boldsymbol{F}$ 和 $\boldsymbol{s}$ 的数量积或点积.

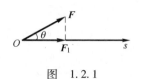

图 1.2.1

定义 1.2.1 设 $\boldsymbol{a}$，$\boldsymbol{b}$ 是两个向量，则数量 $|\boldsymbol{a}||\boldsymbol{b}|\cos\langle\boldsymbol{a},\boldsymbol{b}\rangle$ 称为向量 $\boldsymbol{a}$ 与 $\boldsymbol{b}$ 的**数量积**（也称内积或点积），记作 $\boldsymbol{a}\cdot\boldsymbol{b}$，读作 "$\boldsymbol{a}$ 点乘 $\boldsymbol{b}$"，即

$$\boldsymbol{a}\cdot\boldsymbol{b}=|\boldsymbol{a}||\boldsymbol{b}|\cos\langle\boldsymbol{a},\boldsymbol{b}\rangle. \qquad (1.2.1)$$

特别地，当两向量中有一个为零向量时有 $\boldsymbol{a}\cdot\boldsymbol{b}=0$.

由定义可进一步得到以下结论：

（1）如果式（1.2.1）中的 $b=a$，那么有 $a \cdot a = |a|^2$，我们把数量积 $a \cdot a$ 叫作 a 的数量平方，并记 a^2. 即

$$a^2 = a \cdot a = |a|^2. \tag{1.2.2}$$

（2）两向量 a 与 b 相互垂直的充要条件是

$$a \cdot b = 0. \tag{1.2.3}$$

向量的数量积满足下面的运算规律：对于任意向量 a，b 及任意实数 λ，有：

（1）交换律：$a \cdot b = b \cdot a$.

（2）分配律：$a \cdot (b+c) = a \cdot b + a \cdot c$.

（3）关于数因子的结合律：$(\lambda a) \cdot b = \lambda(a \cdot b) = a \cdot (\lambda b)$.

（4）$a \cdot a = a^2 > 0$ （$a \neq 0$）.

（5）$(\lambda a + \mu b) \cdot c = \lambda(a \cdot c) + \mu(b \cdot c)$.

2. 数量积的直角坐标运算

定理 1.2.1 在空间直角坐标系下，设

$$a = x_1 i + y_1 j + z_1 k = (x_1, y_1, z_1),$$
$$b = x_2 i + y_2 j + z_2 k = (x_2, y_2, z_2),$$

则

$$a \cdot b = x_1 x_2 + y_1 y_2 + z_1 z_2. \tag{1.2.4}$$

证
$$\begin{aligned}
a \cdot b &= (x_1 i + y_1 j + z_1 k) \cdot (x_2 i + y_2 j + z_2 k) \\
&= x_1 x_2 (i \cdot i) + x_1 y_2 (i \cdot j) + x_1 z_2 (i \cdot k) + \\
&\quad y_1 x_2 (j \cdot i) + y_1 y_2 (j \cdot j) + y_1 z_2 (j \cdot k) + \\
&\quad z_1 x_2 (k \cdot i) + z_1 y_2 (k \cdot j) + z_1 z_2 (k \cdot k),
\end{aligned}$$

即
$$a \cdot b = x_1 x_2 + y_1 y_2 + z_1 z_2.$$

进一步得到以下结论：设非零向量 $a = (x_1, y_1, z_1)$，向量 $b = (x_2, y_2, z_2)$，则

（1）
$$|a| = \sqrt{a \cdot a} = \sqrt{x_1^2 + y_1^2 + z_1^2}. \tag{1.2.5}$$

（2）两向量 a 与 b 的夹角的余弦：

$$\cos\langle a, b \rangle = \frac{a \cdot b}{|a||b|} = \frac{x_1 x_2 + y_1 y_2 + z_1 z_2}{\sqrt{x_1^2 + y_1^2 + z_1^2}\sqrt{x_2^2 + y_2^2 + z_2^2}}. \tag{1.2.6}$$

1.2.2 向量积

1. 向量积的定义及运算规律

定义 1.2.2 两向量 a 与 b 的向量积（也称**外积**或**叉积**）是一个向量，记作 $a \times b$，读作"a 叉乘 b"，其模为

$$|a \times b| = |a| |b| \sin\theta, \qquad (1.2.7)$$

其方向与 a, b 均垂直, 且按 a, b, $a \times b$ 这个顺序构成右手系.

容易看出, 其模的几何意义是以 a, b 为邻边的平行四边形的面积.

向量积的运算满足如下运算规律: 对任意向量 a, b 及任意实数 λ, 有:

(1) 反交换律: $a \times b = -b \times a$.

(2) 分配律: $a \times (b+c) = a \times b + a \times c$,

$\qquad\qquad (a+b) \times c = a \times c + b \times c$.

(3) 与数乘的结合律: $(\lambda a) \times b = \lambda(a \times b) = a \times (\lambda b)$.

2. 向量积的直角坐标运算

> **定理 1.2.2** 在空间直角坐标系下, 设 $a = x_1 i + y_1 j + z_1 k = (x_1, y_1, z_1)$, $b = x_2 i + y_2 j + z_2 k = (x_2, y_2, z_2)$, 则
>
> $$a \times b = \begin{vmatrix} y_1 & z_1 \\ y_2 & z_2 \end{vmatrix} i - \begin{vmatrix} x_1 & z_1 \\ x_2 & z_2 \end{vmatrix} j + \begin{vmatrix} x_1 & y_1 \\ x_2 & y_2 \end{vmatrix} k, \text{ 或 } a \times b = \begin{vmatrix} i & j & k \\ x_1 & y_1 & z_1 \\ x_2 & y_2 & z_2 \end{vmatrix}.$$
>
> $$(1.2.8)$$

$\qquad$ 证 $\quad a \times b = (x_1 i + y_1 j + z_1 k) \times (x_2 i + y_2 j + z_2 k)$

$\qquad\qquad = x_1 x_2 (i \times i) + x_1 y_2 (i \times j) + x_1 z_2 (i \times k) +$

$\qquad\qquad\quad y_1 x_2 (j \times i) + y_1 y_2 (j \times j) + y_1 z_2 (j \times k) +$

$\qquad\qquad\quad z_1 x_2 (k \times i) + z_1 y_2 (k \times j) + z_1 z_2 (k \times k)$

$\qquad\qquad = (x_1 y_2 - y_1 x_2)(i \times j) + (y_1 z_2 - z_1 y_2)(j \times k) -$

$\qquad\qquad\quad (x_1 z_2 - z_1 x_2)(k \times i)$

$\qquad\qquad = (y_1 z_2 - z_1 y_2) i - (x_1 z_2 - z_1 x_2) j + (x_1 y_2 - y_1 x_2) k.$

即 $\qquad a \times b = \begin{vmatrix} y_1 & z_1 \\ y_2 & z_2 \end{vmatrix} i - \begin{vmatrix} x_1 & z_1 \\ x_2 & z_2 \end{vmatrix} j + \begin{vmatrix} x_1 & y_1 \\ x_2 & y_2 \end{vmatrix} k = \begin{vmatrix} i & j & k \\ x_1 & y_1 & z_1 \\ x_2 & y_2 & z_2 \end{vmatrix}.$

1.2.3 向量的关系及判断

由两向量的数量积和向量积的定义易得以下定理.

> **定理 1.2.3(两向量垂直及其判定)** 设 $a = (x_1, y_1, z_1)$, $b = (x_2, y_2, z_2)$, 则
>
> $$a \perp b \Leftrightarrow a \cdot b = 0 \Leftrightarrow x_1 x_2 + y_1 y_2 + z_1 z_2 = 0. \qquad (1.2.9)$$

> **定理 1.2.4(两向量平行及其判定)**　设非零向量 $a = (x_1, y_1, z_1)$，$b = (x_2, y_2, z_2)$，则
>
> $$a \parallel b \Leftrightarrow 存在实数 \lambda，使 a = \lambda b$$
> $$\Leftrightarrow a \times b = 0$$
> $$\Leftrightarrow \frac{x_1}{x_2} = \frac{y_1}{y_2} = \frac{z_1}{z_2}. \qquad (1.2.10)$$

最后一个式子中，当分母为零时，分子也为零.

规定：零向量 **0** 平行于任何向量. 平行向量也称共线向量，共线向量的方向或相同或相反.

> **定理 1.2.5(三向量共面及其判定)**　向量 $a = (x_1, y_1, z_1)$，$b = (x_2, y_2, z_2)$，$c = (x_3, y_3, z_3)$，则
>
> $$a, b, c \text{ 共面} \Leftrightarrow (a \times b) \cdot c = 0 \Leftrightarrow \begin{vmatrix} x_1 & y_1 & z_1 \\ x_2 & y_2 & z_2 \\ x_3 & y_3 & z_3 \end{vmatrix} = 0. \qquad (1.2.11)$$

例 1.2.1　已知 $|a| = 2$，$|b| = 3$，$\langle a, b \rangle = \dfrac{2}{3}\pi$，求 $a \cdot b$，$(a - 2b) \cdot (a + b)$，$|a + b|$.

解　由两向量的数量积定义有

$$a \cdot b = |a| \, |b| \cos\langle a, b \rangle = 2 \times 3 \times \cos\frac{2}{3}\pi = 2 \times 3 \times \left(-\frac{1}{2}\right) = -3.$$

$$(a - 2b) \cdot (a + b) = a \cdot a + a \cdot b - 2b \cdot a - 2b \cdot b$$
$$= |a|^2 - a \cdot b - 2|b|^2 = 2^2 - (-3) - 2 \times 3^2 = -11.$$

$$|a + b|^2 = (a + b) \cdot (a + b) = a \cdot a + a \cdot b + b \cdot a + b \cdot b$$
$$= |a|^2 + 2a \cdot b + |b|^2 = 2^2 + 2 \times (-3) + 3^2 = 7,$$

因此

$$|a + b| = \sqrt{7}.$$

例 1.2.2　设已知点 $A(1, -2, 3)$，$B(0, 1, -2)$ 及向量 $a = (4, -1, 0)$，求 $a \times \overrightarrow{AB}$ 及 $\overrightarrow{AB} \times a$.

解　$\overrightarrow{AB} = (0-1)i + [1-(-2)]j + (-2-3)k = -i + 3j - 5k$，

$$a \times \overrightarrow{AB} = \begin{vmatrix} i & j & k \\ 4 & -1 & 0 \\ -1 & 3 & -5 \end{vmatrix} = (5, 20, 11),$$

$$\overrightarrow{AB} \times \boldsymbol{a} = -\boldsymbol{a} \times \overrightarrow{AB} = (-5, -20, -11).$$

例 1.2.3 在空间直角坐标系 O_{xyz} 中，设点 $A(4, -1, 2)$，$B(1, 2, -2)$，$C(2, 0, 1)$，求 $\triangle ABC$ 的面积.

解 容易看出，所求的面积为以 $\overrightarrow{AB}$, $\overrightarrow{AC}$ 为邻边的平行四边形面积的一半. 由两向量积的模的几何意义知：以 $\overrightarrow{AB}$、$\overrightarrow{AC}$ 为邻边的平行四边形的面积为 $|\overrightarrow{AB} \times \overrightarrow{AC}|$，由于

$$\overrightarrow{AB} = (-3, 3, -4), \quad \overrightarrow{AC} = (-2, 1, -1),$$

因此
$$\overrightarrow{AB} \times \overrightarrow{AC} = \begin{vmatrix} \boldsymbol{i} & \boldsymbol{j} & \boldsymbol{k} \\ -3 & 3 & -4 \\ -2 & 1 & -1 \end{vmatrix} = \boldsymbol{i} + 5\boldsymbol{j} + 3\boldsymbol{k},$$

所以
$$|\overrightarrow{AB} \times \overrightarrow{AC}| = \sqrt{1^2 + 5^2 + 3^2} = \sqrt{35}.$$

故 $\triangle ABC$ 的面积为
$$S_{\triangle ABC} = \frac{\sqrt{35}}{2}.$$

例 1.2.4 求同时垂直于向量 $\boldsymbol{a} = (2, 2, 1)$ 和 $\boldsymbol{b} = (4, 5, 3)$ 的单位向量 $\boldsymbol{c}$.

解 $\boldsymbol{a} \times \boldsymbol{b}$ 同时垂直于 $\boldsymbol{a}$ 和 $\boldsymbol{b}$，先求得 $\boldsymbol{a} \times \boldsymbol{b} = (1, -2, 2)$. 故 $\boldsymbol{a} \times \boldsymbol{b}$ 所求单位向量有两个，即

$$\boldsymbol{c} = \pm \frac{\boldsymbol{a} \times \boldsymbol{b}}{|\boldsymbol{a} \times \boldsymbol{b}|} = \pm \frac{1}{3}(\boldsymbol{i} - 2\boldsymbol{j} + 2\boldsymbol{k}).$$

习题 1.2

1. 已知 $\boldsymbol{a} = (1, 0, 0)$，$\boldsymbol{b} = (0, 1, 0)$，$\boldsymbol{c} = (0, 0, 1)$，求：

(1) $\boldsymbol{a} \cdot \boldsymbol{b}$，$\boldsymbol{a} \cdot \boldsymbol{c}$，$\boldsymbol{b} \cdot \boldsymbol{c}$；(2) $\boldsymbol{a} \times \boldsymbol{a}$，$\boldsymbol{a} \times \boldsymbol{b}$，$\boldsymbol{a} \times \boldsymbol{c}$，$\boldsymbol{b} \times \boldsymbol{c}$.

2. 已知 $\boldsymbol{a} = (1, 0, 0)$，$\boldsymbol{b} = (2, 2, 1)$，求 $\boldsymbol{a} \cdot \boldsymbol{b}$，$\boldsymbol{a} \times \boldsymbol{b}$ 及 $\boldsymbol{a}$ 与 $\boldsymbol{b}$ 的夹角的余弦.

3. 计算：(1) $(2\boldsymbol{i} - \boldsymbol{j}) \cdot \boldsymbol{j}$；(2) $(2\boldsymbol{i} + 3\boldsymbol{j} + 4\boldsymbol{k}) \cdot \boldsymbol{k}$；(3) $(\boldsymbol{i} + 5\boldsymbol{j}) \cdot \boldsymbol{i}$.

4. 设 $\boldsymbol{a} = -\boldsymbol{i} + 2\boldsymbol{j} + 5\boldsymbol{k}$，$\boldsymbol{b} = 7\boldsymbol{i} + 2\boldsymbol{j} - \boldsymbol{k}$，计算：

(1) $\boldsymbol{a} \cdot \boldsymbol{b}$ 及 $\boldsymbol{a} \times \boldsymbol{b}$；(2) $(-2\boldsymbol{a}) \cdot 3\boldsymbol{b}$ 及 $\boldsymbol{a} \times 2\boldsymbol{b}$；(3) $\boldsymbol{a}$，$\boldsymbol{b}$ 的夹角的余弦.

5. 已知点 $A(-1, 2, 3)$，$B(1, 2, 1)$，$C(0, 0, 3)$，求 $\cos \angle ABC$.

6. 求点 $M(1, \sqrt{2}, 1)$ 的向径 $\overrightarrow{OM}$ 与坐标轴之间的夹角.

7. 验证 $\boldsymbol{a} = \boldsymbol{i} + 3\boldsymbol{j} - \boldsymbol{k}$ 与 $\boldsymbol{b} = 2\boldsymbol{i} - \boldsymbol{j} - \boldsymbol{k}$ 垂直.

8. 求同时垂直于向量 $\boldsymbol{a} = (-3, 6, 8)$ 和 y 轴的单位向量.

9. 已知 $|\boldsymbol{a}| = 5$，$|\boldsymbol{b}| = 2$，$\langle \boldsymbol{a}, \boldsymbol{b} \rangle = \dfrac{\pi}{3}$，求 $\boldsymbol{c} = 2\boldsymbol{a} - 3\boldsymbol{b}$ 的模.

10. 设向量 $\boldsymbol{a} = \boldsymbol{i} + 2\boldsymbol{j} - \boldsymbol{k}$，$\boldsymbol{b} = 2\boldsymbol{j} + 3\boldsymbol{k}$，计算 $\boldsymbol{a} \times \boldsymbol{b}$，并计算以 $\boldsymbol{a}$，$\boldsymbol{b}$ 为邻边的平行四边形的面积.

11. 用向量方法证明三角形的正弦定理：$\dfrac{a}{\sin A} = \dfrac{b}{\sin B} = \dfrac{c}{\sin C}$.

1.3 平面及其方程

本节利用向量理论为工具，在空间直角坐标系中建立平面方程. 下面我们就给出几种由不同条件所确定的平面的方程.

1.3.1 平面方程的几种形式

1. 平面的点法式方程

我们知道在几何上，过空间中某一点且垂直于给定方向的平面有且只有一个. 下面用解析式描述此几何关系.

事实上，如图 1.3.1 所示，任取平面 Π 上一点 $M(x,y,z)$，由已知 $\boldsymbol{n} \perp \Pi$，因此 $\boldsymbol{n} \perp \overrightarrow{M_0M}$. 由两向量垂直的充要条件，可得

$$\boldsymbol{n} \cdot \overrightarrow{M_0M} = 0.$$

而

$$\overrightarrow{M_0M} = (x-x_0, y-y_0, z-z_0), \quad \boldsymbol{n} = (A,B,C),$$

故可得平面的点法式方程(1.3.1).

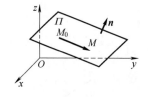

图 1.3.1

设平面 Π 过定点 $M_0(x_0,y_0,z_0)$ 且垂直于方向 $\boldsymbol{n} = (A,B,C)$，于是所求平面方程为

$$A(x-x_0)+B(y-y_0)+C(z-z_0) = 0. \qquad (1.3.1)$$

称方程(1.3.1)为平面的**点法式方程**.

其中我们把垂直于平面 Π 的任何非零向量 $\boldsymbol{n}$ 称为 Π 的**法向量**.

注意这里 A，B，C 不全为零，否则符合条件的平面不唯一.

2. 平面的一般式方程

事实上，由平面的点法式方程 $A(x-x_0)+B(y-y_0)+C(z-z_0)=0$，可推出

$$Ax+By+Cz-(Ax_0+By_0+Cz_0) = 0,$$

设 $D = -(Ax_0+By_0+Cz_0)$，则

$$Ax+By+Cz+D = 0 \ (A,B,C \text{ 不全为零}).$$

即任意一个平面的方程都是 x，y，z 的一次方程. 反过来，任意一个含有 x，y，z 的一次方程都表示一个平面.

形如

$$Ax+By+Cz+D = 0 \ (A,B,C \text{ 不全为零}) \qquad (1.3.2)$$

的方程称为平面的**一般式方程**. 其中 (A,B,C) 为该平面的一个法向量.

特殊地，平面一般方程的几种特殊情况：

(1) $D=0$，即方程具有形式 $Ax+By+Cz=0$. 这时平面过原点.

(2) $A=0$，$D\neq0$，即方程具有形式 $By+Cz+D=0$. 这时平面平行于 x 轴.

(3) $A=D=0$，即方程具有形式 $By+Cz=0$. 这时平面过 x 轴.

(4) $A=B=0$，$D\neq0$，即方程具有形式 $Cz+D=0$. 这时平面平行于 xOy 平面.

(5) $A=B=D=0$，即方程具有形式 $z=0$. 这时平面为 xOy 平面.

类似地，可讨论其他的情况.

3. 平面的截距式方程

设三点 $A(a,0,0)$，$B(0,b,0)$，$C(0,0,c)(abc\neq0)$ 为平面 Π 与三个坐标轴的交点(见图 1.3.2)，则该平面 Π 的方程为

$$\frac{x}{a}+\frac{y}{b}+\frac{z}{c}=1. \tag{1.3.3}$$

方程(1.3.3)称平面 Π 的**截距式方程**. 其中 a，b，c 分别叫作该平面在 x 轴、y 轴和 z 轴上的**截距**.

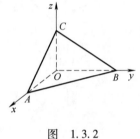

图 1.3.2

事实上，所求平面 Π 的法向量必定同时垂直于 $\overrightarrow{AB}$ 与 $\overrightarrow{AC}$. 因此可取 $\overrightarrow{AB}$ 与 $\overrightarrow{AC}$ 的向量积 $\overrightarrow{AB}\times\overrightarrow{AC}$ 为该平面的一个法向量 $\boldsymbol{n}$. 即

$$\boldsymbol{n}=\overrightarrow{AB}\times\overrightarrow{AC}.$$

由于

$$\overrightarrow{AB}=(-a,b,0)，\quad \overrightarrow{AC}=(-a,0,c)，$$

有

$$\boldsymbol{n}=\overrightarrow{AB}\times\overrightarrow{AC}=\begin{vmatrix} \boldsymbol{i} & \boldsymbol{j} & \boldsymbol{k} \\ -a & b & 0 \\ -a & 0 & c \end{vmatrix}$$

$$=bc\boldsymbol{i}+ac\boldsymbol{j}+ab\boldsymbol{k}.$$

即

$$\boldsymbol{n}=(bc,ac,ab).$$

因此所求平面 Π 的方程为

$$bc(x-a)+ac(y-0)+ab(z-0)=0，$$

化简得

$$bcx+acy+abz=abc.$$

又由于 $abc\neq0$，将两边同除以 abc，即得该平面的截距式方程(1.3.3).

4. 平面的三点式方程

设平面 Π 过三点 $M_1(x_1,y_1,z_1)$，$M_2(x_2,y_2,z_2)$，$M_3(x_3,y_3,z_3)$，M_1,M_2,M_3 不共线，则该平面 Π 的方程为

$$\begin{vmatrix} x-x_1 & y-y_1 & z-z_1 \\ x_2-x_1 & y_2-y_1 & z_2-z_1 \\ x_3-x_1 & y_3-y_1 & z_3-z_1 \end{vmatrix}=0. \qquad (1.3.4)$$

称式(1.3.4)为平面的三点式方程.

事实上, 平面 Π 过不共线三点 M_1, M_2, M_3, 可取法向量为 $\overrightarrow{M_1M_2}\times\overrightarrow{M_1M_3}\neq\mathbf{0}$, 设平面 Π 上任一点 $M(x,y,z)$, 则得平面方程为

$$\overrightarrow{M_1M}\cdot(\overrightarrow{M_1M_2}\times\overrightarrow{M_1M_3})=0.$$

即 $\qquad (x-x_1,y-y_1,z-z_1)\cdot\begin{vmatrix} \boldsymbol{i} & \boldsymbol{j} & \boldsymbol{k} \\ x_2-x_1 & y_2-y_1 & z_2-z_1 \\ x_3-x_1 & y_3-y_1 & z_3-z_1 \end{vmatrix}=\mathbf{0},$

从而可得平面的三点式方程(1.3.4).

1.3.2　两平面的位置关系

设两个平面 Π_1 与 Π_2 的方程分别为

Π_1: $A_1x+B_1y+C_1z+D_1=0$　（A_1,B_1,C_1 不同时为零）,

Π_2: $A_2x+B_2y+C_2z+D_2=0$　（A_2,B_2,C_2 不同时为零）,

则它们的法向量分别为 $\boldsymbol{n}_1=(A_1,B_1,C_1)$ 和 $\boldsymbol{n}_2=(A_2,B_2,C_2)$.

我们可以从两个平面方程的法向量之间的关系导出它们之间的位置关系, 具体如下:

(1) 两平面重合 $\Leftrightarrow \dfrac{A_1}{A_2}=\dfrac{B_1}{B_2}=\dfrac{C_1}{C_2}=\dfrac{D_1}{D_2}$.

(2) 两平面平行 $\Leftrightarrow \boldsymbol{n}_1\mathbin{/\mkern-5mu/}\boldsymbol{n}_2 \Leftrightarrow \dfrac{A_1}{A_2}=\dfrac{B_1}{B_2}=\dfrac{C_1}{C_2}\neq\dfrac{D_1}{D_2}$.

(3) 两平面相交 $\Leftrightarrow A_1$, B_1, C_1 与 A_2, B_2, C_2 不成比例, 即 $A_1:B_1:C_1\neq A_2:B_2:C_2$.

特殊地, 当两平面相交时, 我们通常关心它们的夹角 θ, 其余弦值公式为

$$\cos\theta=\cos\langle\boldsymbol{n}_1,\boldsymbol{n}_2\rangle=\frac{|\boldsymbol{n}_1\cdot\boldsymbol{n}_2|}{|\boldsymbol{n}_1||\boldsymbol{n}_2|}$$

$$=\frac{|A_1A_2+B_1B_2+C_1C_2|}{\sqrt{A_1^2+B_1^2+C_1^2}\cdot\sqrt{A_2^2+B_2^2+C_2^2}}. \qquad (1.3.5)$$

其中两平面的夹角 θ 即为其法向量的夹角 $\langle\boldsymbol{n}_1,\boldsymbol{n}_2\rangle$, 且规定 $0\leqslant\theta\leqslant\dfrac{\pi}{2}$.

进一步地, 我们又可得出两平面垂直的充要条件:

$\Pi_1\perp\Pi_2 \Leftrightarrow \boldsymbol{n}_1\perp\boldsymbol{n}_2 \Leftrightarrow \boldsymbol{n}_1\cdot\boldsymbol{n}_2-0 \Leftrightarrow A_1A_2+B_1B_2+C_1C_2=0.$ $\quad(1.3.6)$

1.3.3 点到平面的距离

在空间直角坐标系中，设平面 Π：$Ax+By+Cz+D=0$（A,B,C 不全为零），平面外一点 $M(x_0,y_0,z_0)$，可以得到点 M 到平面 Π 的距离为

$$d=\frac{|Ax_0+By_0+Cz_0+D|}{\sqrt{A^2+B^2+C^2}}. \tag{1.3.7}$$

例 1.3.1 求通过点 $M_0(1,3,5)$ 且与 xOy 平面平行的平面方程.

解 显然 $\boldsymbol{n}=(0,0,1)$ 为所求平面的一个法向量，因此所求平面的方程为

$$0\cdot(x-1)+0\cdot(y-3)+1\cdot(z-5)=0,$$

即 $$z-5=0.$$

例 1.3.2 求过两个定点 $(7,5,-2)$ 和 $(-1,4,3)$，且在 x 轴上的截距是 5 的平面的方程.

解 平面过 $(7,5,-2)$，$(-1,4,3)$，$(5,0,0)$ 三点，由三点式，所求平面方程为

$$\begin{vmatrix} x-5 & y & z \\ 2 & 5 & -2 \\ -6 & 4 & 3 \end{vmatrix}=0,$$

即 $$23x+6y+38z-115=0.$$

例 1.3.3 求过两个定点 $A(2,0,1)$ 和 $B(9,6,1)$，且平行于 z 轴的平面.

解 所求平面法向量为

$$\boldsymbol{n}=\overrightarrow{AB}\times\boldsymbol{k}=(7,6,0)\times(0,0,1)=(6,-7,0),$$

又平面过点 $A(2,0,1)$ 所以平面的点法式方程为

$$6(x-2)-7(y-0)=0, \quad 即 \ 6x-7y-12=0.$$

例 1.3.4 求过定点 $(7,-5,1)$ 且过 x 轴的平面方程.

解 所求平面过 x 轴，故 $A=D=0$，设平面方程为

$$By+Cz=0.$$

又平面过点 $(7,-5,1)$，所以有 $-5B+C=0$，令 $B=1$ 得 $C=5$. 于是所求平面方程为

$$y+5z=0.$$

例 1.3.5 求两个平行平面 $x-2y+3z+1=0$ 与 $x-2y+3z-2=0$ 间的距离.

解 在一个平面 $x-2y+3z+1=0$ 上任取一点，如取点 $M(-1,$

0,0），则点 M 到另一平面的距离即为两平行平面间的距离．所以两平行平面间的距离为

$$d=\frac{|1\times(-1)-2|}{\sqrt{1^2+(-2)^2+3^2}}=\frac{3}{\sqrt{14}}=\frac{3\sqrt{14}}{14}.$$

习题 1.3

1. 求过点 $M(1,2,3)$，以 $\boldsymbol{n}=(2,2,1)$ 为法向量的平面.

2. 求过点 $A(1,0,0)$，$B(0,1,0)$，$C(0,0,1)$ 的平面.

3. 求过原点及点 $M(1,1,-1)$ 且垂直于平面 $4x+3y+z-1=0$ 的平面.

4. 求过点 $(0,0,1)$ 且与平面 $3x+4y+2z=1$ 平行的平面.

5. 求过 x 轴和点 $(4,-3,-1)$ 的平面.

6. 求过点 $(1,1,1)$ 且垂直于平面 $x-y+z=7$ 和 $3x+2y-12z+5=0$ 的平面.

7. 一平面过点 $(1,0,-1)$ 且与向量 $\boldsymbol{a}=(2,1,1)$，$\boldsymbol{b}=(1,-1,0)$ 均平行，试求该平面方程.

8. 求平面 $2x-2y+z+5=0$ 与各坐标面夹角的余弦.

9. 求三平面 $x+3y+z=1$，$2x-y-z=1$，$-x+2y+2z=3$ 的交点.

10. 分别依下列条件求平面方程：

（1）平行于坐标面 xOz，且经过点 $(2,-5,3)$；

（2）过 z 轴和点 $(-3,1,-2)$；

（3）平行于 x 轴且经过两点 $A(4,0,-2)$ 和 $B(5,1,7)$.

11. 求点 $(2,1,1)$ 到平面 $x+y-z+1=0$ 的距离.

1.4　直线及其方程

本节主要讨论建立在空间直角坐标系中几种不同形式的直线方程.

1.4.1　直线方程的几种形式

1. 直线的对称式方程

我们知道在几何上，给定空间中某一点和一个方向可以唯一确定一条直线. 下面用解析式描述此几何关系.

在空间直角坐标系中，设 $M_0(x_0,y_0,z_0)$ 是直线 l 上的一个点，且直线 l 与非零向量 $\boldsymbol{v}=(x,y,z)$ 平行，则直线 l 的方程为

$$\frac{x-x_0}{X}=\frac{y-y_0}{Y}=\frac{z-z_0}{Z}. \qquad (1.4.1)$$

称式（1.4.1）为直线 l 的对称式方程（或点向式方程），并称 $\boldsymbol{v}=(X,Y,Z)$ 为 l 的一个**方向向量**.

一般地，与直线 l 平行的任一非零向量，都可作为直线 l 的一个方向向量.

事实上，设 $M(x,y,z)$ 为直线 l 上的任一点，如图 1.4.1 所示，则 $\overrightarrow{M_0M}/\!/\boldsymbol{v}$，故存在 个实数 λ，使得 $\overrightarrow{M_0M}=\lambda\boldsymbol{v}$. 而 $\overrightarrow{M_0M}$ 的坐标

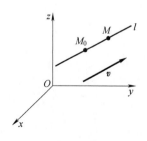

图　1.4.1

为 $(x-x_0, y-y_0, z-z_0)$，因此有

$$\begin{cases} x-x_0 = \lambda m, \\ y-y_0 = \lambda n, \\ z-z_0 = \lambda p, \end{cases}$$

消去 λ，即得直线 l 的对称式方程(1.4.1)

由于直线 l 的方向向量 $\boldsymbol{v} \neq \boldsymbol{0}$，即 X，Y，Z 不全为零，所以特殊地有以下情形：

（1）当有一个为零时，如 $X=0$ 时，式(1.4.1)转化为

$$\begin{cases} x-x_0 = 0, \\ \dfrac{y-y_0}{Y} = \dfrac{z-z_0}{Z}, \end{cases}$$

即该直线与 yOz 平面平行.

（2）当有两个为零时，如 $X=Y=0$ 时，式(1.4.1)转化为

$$\begin{cases} x-x_0 = 0, \\ y-y_0 = 0. \end{cases}$$

即该直线与 z 轴平行.

2. 直线的参数式方程

在空间直角坐标系中，设 $M_0(x_0, y_0, z_0)$ 是直线 l 上的一个点，$\boldsymbol{v} = (X, Y, Z)$ 为 l 的一个方向向量，则直线 l 的方程可写为

$$\begin{cases} x = x_0 + Xt, \\ y = y_0 + Yt, \qquad t \in (-\infty, +\infty). \\ z = z_0 + Zt, \end{cases} \tag{1.4.2}$$

称式(1.4.2)为直线的参数式方程.

事实上，对直线的对称式方程(1.4.1)，令

$$\frac{x-x_0}{X} = \frac{y-y_0}{Y} = \frac{z-z_0}{Z} = t.$$

即得直线的参数式方程(1.4.2).

3. 直线的一般式方程

设两个平面 Π_1，Π_2 的方程分别为

$$\Pi_1: A_1 x + B_1 y + C_1 z + D_1 = 0,$$

$$\Pi_2: A_2 x + B_2 y + C_2 z + D_2 = 0,$$

则这两个平面的交线的方程为

$$\begin{cases} A_1 x + B_1 y + C_1 z + D_1 = 0, \\ A_2 x + B_2 y + C_2 z + D_2 = 0. \end{cases} \tag{1.4.3}$$

其中，A_1，B_1，C_1 与 A_2，B_2，C_2 不成比例. 称式(1.4.3)为直线的**一般式方程**.

事实上，空间任一条直线都可看成是通过该直线的两个平面的交线，同时空间两个相交平面确定一条直线，所以将两个平面方程联立起来就代表空间直线的方程.

1.4.2　直线方程的一般式与对称式相互转化

1. 直线方程的一般式转化成对称式

已知直线方程的一般式，如式(1.4.3)，下面将其转化成直线的对称式.

首先我们知道式(1.4.3)中的两个平面的法向量分别为 $\boldsymbol{n}_1 = (A_1, B_1, C_1)$，$\boldsymbol{n}_2 = (A_2, B_2, C_2)$. 因为 $\boldsymbol{n}_1 \perp l$，$\boldsymbol{n}_2 \perp l \Rightarrow \boldsymbol{n}_1 \times \boldsymbol{n}_2$，所以可取

$$\boldsymbol{n}_1 \times \boldsymbol{n}_2 = \left(\begin{vmatrix} B_1 & C_1 \\ B_2 & C_2 \end{vmatrix}, \begin{vmatrix} C_1 & A_1 \\ C_2 & A_2 \end{vmatrix}, \begin{vmatrix} A_1 & B_1 \\ A_2 & B_2 \end{vmatrix} \right)$$

为 l 的方向向量. 在直线 l 上任取一点，设为 $M_0(x_0, y_0, z_0)$，于是交线 l 的对称式方程为

$$\frac{x-x_0}{\begin{vmatrix} B_1 & C_1 \\ B_2 & C_2 \end{vmatrix}} = \frac{y-y_0}{\begin{vmatrix} C_1 & A_1 \\ C_2 & A_2 \end{vmatrix}} = \frac{z-z_0}{\begin{vmatrix} A_1 & B_1 \\ A_2 & B_2 \end{vmatrix}}.$$

2. 直线方程的对称式转化成一般式

已知直线方程的对称式，如式(1.4.1)，下面将其转化成直线的一般式.

设式(1.4.1)中的方向向量的坐标分量 X，Y，Z 都不等于 0，分列两个等号为两个等式，得

$$\begin{cases} \dfrac{x-x_0}{X} = \dfrac{y-y_0}{Y}, \\ \dfrac{y-y_0}{Y} = \dfrac{z-z_0}{Z}, \end{cases}$$

整理即可得到直线方程的一般式(1.4.3).

1.4.3　空间中两条直线的位置关系

设两条直线 l_1 与 l_2 的方程分别为

$l_1: \dfrac{x-x_1}{X_1} = \dfrac{y-y_1}{Y_1} = \dfrac{z-z_1}{Z_1}$，方向向量 $\boldsymbol{v}_1 = (X_1, Y_1, Z_1)$，过点 $M_1(x_1, y_1, z_1) \in l_1$，

$l_2: \dfrac{x-x_2}{X_2} = \dfrac{y-y_2}{Y_2} = \dfrac{z-z_2}{Z_2}$，方向向量 $\boldsymbol{v}_2 = (X_2, Y_2, Z_2)$，过点 $M_2(x_2, y_2, z_2) \subset l_2$，

则 l_1 与 l_2 有如下位置关系:

(1) l_1 与 l_2 重合 $\Leftrightarrow v_1 \,/\!/\, v_2 \,/\!/\, \overrightarrow{M_1 M_2}$

$$\Leftrightarrow X_1 : Y_1 : Z_1 = X_2 : Y_2 : Z_2 = (x_2 - x_1) :$$
$$(y_2 - y_1) : (z_2 - z_1);$$

(2) l_1 与 l_2 平行 $\Leftrightarrow v_1 \,/\!/\, v_2$ 且不平行于 $\overrightarrow{M_1 M_2}$

$$\Leftrightarrow X_1 : Y_1 : Z_1 = X_2 : Y_2 : Z_2 \neq (x_2 - x_1) :$$
$$(y_2 - y_1) : (z_2 - z_1);$$

(3) l_1 与 l_2 相交 $\Leftrightarrow v_1,\ v_2,\ \overrightarrow{M_1 M_2}$ 共面且 $v_1,\ v_2$ 不共线

$$\Leftrightarrow \begin{vmatrix} x_2 - x_1 & y_2 - y_1 & z_2 - z_1 \\ X_1 & Y_1 & Z_1 \\ X_2 & Y_2 & Z_2 \end{vmatrix} = 0, \ 且\ X_1 : Y_1 : Z_1 \neq$$
$$X_2 : Y_2 : Z_2;$$

(4) l_1 与 l_2 异面 $\Leftrightarrow v_1,\ v_2,\ \overrightarrow{M_1 M_2}$ 不共面

$$\Leftrightarrow \begin{vmatrix} x_2 - x_1 & y_2 - y_1 & z_2 - z_1 \\ X_1 & Y_1 & Z_1 \\ X_2 & Y_2 & Z_2 \end{vmatrix} \neq 0.$$

其中,当两直线 l_1 与 l_2 相交时,所形成的 4 个角中,不大于 $\dfrac{\pi}{2}$ 的那对对顶角 θ 叫作这两条直线的夹角. 公式如下:

$$\cos\theta = |\cos\langle v_1, v_2 \rangle| = \frac{|v_1 \cdot v_2|}{|v_1| \, |v_2|}. \tag{1.4.4}$$

注 (1) 若 $l_1 \,/\!/\, l_2$,规定 l_1 与 l_2 的夹角为 0;

(2) 对于异面直线,可把这两条直线平移至相交状态,此时,它们的夹角称为异面直线的夹角;

(3) 若 $l_1 \perp l_2 \Leftrightarrow v_1 \cdot v_2 = 0 \Leftrightarrow X_1 X_2 + Y_1 Y_2 + Z_1 Z_2 = 0$.

1.4.4 直线与平面的位置关系

在空间中,直线与平面的位置关系有三种:直线在平面上,直线与平面平行,直线与平面相交,它们的位置关系可以通过平面 $\varPi$ 的法向量 $n = (A, B, C)$ 与直线 l 的方向向量 $v = (X, Y, Z)$ 的关系来判定.

设直线 l: $\dfrac{x - x_0}{X} = \dfrac{y - y_0}{Y} = \dfrac{z - z_0}{Z}$,直线过点 $M_0(x_0, y_0, z_0)$,方向向量为 $v = (X, Y, Z)$,平面 $\varPi$: $Ax + By + Cz + D = 0$,法向量为 $n = (A, B, C)$. 则 l 与 $\varPi$ 有如下位置关系:

（1）l 在 Π 上 $\Leftrightarrow v/\!/\Pi$，且 M_0 在 Π 上 $\Leftrightarrow v\cdot n=0$，且 M_0 在 Π 上

　　 $\Leftrightarrow AX+BY+CZ=0$ 且 $Ax_0+By_0+Cz_0+D=0$；

（2）$l/\!/\Pi\Leftrightarrow v/\!/\Pi$，且 M_0 不在 Π 上 $\Leftrightarrow v\cdot n=0$，且 M_0 不在 Π 上

　　 $\Leftrightarrow AX+BY+CZ=0$ 且 $Ax_0+By_0+Cz_0+D\neq0$；

（3）l 与 Π 相交 $\Leftrightarrow v$ 与 Π 不平行 $\Leftrightarrow AX+BY+CZ\neq0$.

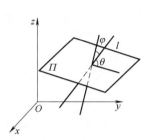

图　1.4.2

其中，当直线 l 与 Π 相交时，我们常考虑其交角的大小，将直线与它在平面上的投影之间的夹角 $\theta\left(0\leqslant\theta\leqslant\dfrac{\pi}{2}\right)$，称为**直线与平面的夹角**（见图 1.4.2）. 其公式如下：

$$\sin\theta=\cos\varphi=\frac{|v\cdot n|}{|v|\cdot|n|}=\frac{|AX+BY+CZ|}{\sqrt{X^2+Y^2+Z^2}\sqrt{A^2+B^2+C^2}}.\qquad(1.4.5)$$

注　直线 l 与平面 Π 的法线之间的夹角为 φ，则 $\theta=\dfrac{\pi}{2}-\varphi$.

特别地，直线与平面垂直的判定方法如下：

$$l\perp\Pi\Leftrightarrow v/\!/n\Leftrightarrow v\times n=\mathbf{0}\Leftrightarrow\frac{X}{A}=\frac{Y}{B}=\frac{Z}{C}.$$

1.4.5　点到直线的距离

在空间直角坐标系中，设直线 $l:\dfrac{x-x_1}{X}=\dfrac{y-y_1}{Y}=\dfrac{z-z_1}{Z}$，方向向量 $v=(X,Y,Z)$，$M_1(x_1,y_1,z_1)\in l$，直线外一点 $M(x_0,y_0,z_0)$，可以得到点 M 到平面 l 的距离为

$$
\begin{aligned}
d &=\frac{|v\times\overrightarrow{M_1M}|}{|v|}\\
&=\frac{\sqrt{\begin{vmatrix}y_0-y_1 & z_0-z_1\\ Y & Z\end{vmatrix}^2+\begin{vmatrix}z_0-z_1 & x_0-x_1\\ Z & X\end{vmatrix}^2+\begin{vmatrix}x_0-x_1 & y_0-y_1\\ X & Y\end{vmatrix}^2}}{\sqrt{X^2+Y^2+Z^2}}.\qquad(1.4.6)
\end{aligned}
$$

例 1.4.1　求过两点 $(1,0,-2)$ 及 $(0,2,3)$ 的直线方程.

解　所求直线的方向向量可取为 $v=(1,-2,-5)$，故所求直线的对称式方程为

$$\frac{x-1}{1}=\frac{y}{-2}=\frac{z+2}{-5}.$$

例 1.4.2　求过点 $M(0,1,-3)$ 且与两平面 $\Pi_1:y+z=1$ 和 $\Pi_2:x-2y+4z=5$ 都平行的直线方程.

解　所求的直线与 Π_1 和 Π_2 都平行，即与 Π_1,Π_2 的法向量 n_1,n_2 都垂直，其中

$$n_1 = (0,1,1), \quad n_2 = (1,-2,4),$$

因此可用 $n_1 \times n_2$ 作为直线的一个方向向量 v. 则

$$v = n_1 \times n_2 = \begin{vmatrix} i & j & k \\ 0 & 1 & 1 \\ 1 & -2 & 4 \end{vmatrix} = 6i + j - k,$$

即 $v = (6,1,-1)$, 于是所求直线的方程为

$$\frac{x}{6} = \frac{y-1}{1} = \frac{z+3}{-1}.$$

例 1.4.3 将直线方程 $\begin{cases} x+y+z=5, \\ 3x-3y+5z=7 \end{cases}$ 化为对称式方程.

解 由直线方程的一般式可得

$$n_1 \times n_2 = (1,1,1) \times (3,-3,5) = 2(4,-1,-3),$$

于是, 直线的方向向量取为 $v = (4,-1,-3)$. 由方程可求出直线上的一个定点 $\left(0, \frac{9}{4}, \frac{11}{4}\right)$, 于是直线的对称式方程为

$$\frac{x}{4} = \frac{y-\dfrac{9}{4}}{-1} = \frac{z-\dfrac{11}{4}}{-3}.$$

例 1.4.4 判定直线 $l_1: \dfrac{x}{0} = \dfrac{y}{3} = \dfrac{z-6}{3}$ 与 $l_2: \begin{cases} x+y+z-3=0, \\ y+z=2 \end{cases}$ 的位置关系.

解 由 l_1, l_2 的方程容易知: l_1 与 l_2 的方向向量可分别取为

$$v_1 = (0,3,3), \quad v_2 = n_1 \times n_2 = (1,1,1) \times (0,1,1) = (0,-1,1),$$

两方向向量不平行, 因此直线 l_1 与 l_2 不平行或重合, 又 $M_1(0,0,6) \in l_1$, $M_2(1,2,0) \in l_2$. 可知 $\overrightarrow{M_1 M_2} = (1,2,-6)$, 因此有

$$\begin{vmatrix} 1 & 0 & 0 \\ 2 & 3 & -1 \\ -6 & 3 & 1 \end{vmatrix} = 6 \neq 0,$$

所以 l_1 与 l_2 为异面直线.

习题 1.4

1. 求过点 $M_1(1,-1,3)$, $M_2(-1,0,2)$ 的直线方程.

2. 求过点 $(1,1,1)$ 且与直线 $\dfrac{x-1}{2} = \dfrac{y-2}{3} = \dfrac{z-3}{4}$ 平行的直线方程.

3. 求过点 $(0,2,4)$ 且与两平面 $x+2z=0$, $y-3z=2$ 平行的直线方程.

4. 求过点 $A(2,-3,4)$, 且和 y 轴垂直相交的直线方程.

5. 求过点 $M(1,0,-2)$ 且与两直线 $\dfrac{x-1}{1}=\dfrac{y}{1}=\dfrac{z+1}{-1}$

和 $\dfrac{x}{1}=\dfrac{y-1}{-1}=\dfrac{z+1}{0}$ 垂直的直线方程.

6. 求过点 $M(2,-3,-5)$ 且与平面 $6x-3y-5z+2=0$ 垂直的直线方程.

7. 求过点 $M(0,1,0)$ 且与两平面 $x-2y-1=0$ 和 $y+3z-4=0$ 都平行的直线方程.

8. 用对称式方程及参数方程表示直线 $\begin{cases} x-y+z=1, \\ 2x+y+z=4. \end{cases}$

9. 将直线的对称式方程 $\dfrac{x+2}{-3}=\dfrac{y-1}{1}=\dfrac{z-6}{4}$ 化为参数方程和一般方程.

10. 求过点 $\left(\dfrac{5}{2},-1,-1\right)$ 且与直线 $\begin{cases} 4x+3y+2z-1=0, \\ 2x+7y-6z+5=0 \end{cases}$

11. 求过点 $(1,2,3)$ 且通过直线 $\dfrac{x-4}{-1}=\dfrac{y+3}{4}=\dfrac{z}{-2}$ 的平面方程.

12. 求过点 $M(2,1,0)$ 且与直线 $\begin{cases} x=2t-3, \\ y=3t+5, \\ z=t \end{cases}$ 垂直的平面方程.

13. 求直线 $\begin{cases} 5x-3y+3z-9=0, \\ 3x-2y+z-1=0 \end{cases}$ 与直线 $\begin{cases} 2x+2y-z+23=0, \\ 3x+8y+z-18=0 \end{cases}$ 的夹角的余弦.

14. 求直线 $\dfrac{x-1}{3}=\dfrac{y+1}{4}=\dfrac{z-1}{5}$ 和直线 $\dfrac{x}{-1}=\dfrac{y+1}{2}=\dfrac{z}{2}$ 的夹角.

1.5 曲面及其方程

本节介绍常见的二次曲面,即其方程是关于 x, y, z 的二次方程,包括球面、椭球面、双曲面、抛物面、某些柱面及旋转曲面.

与平面解析几何中曲线与方程的定义相仿,可以定义空间曲面的方程.

> **定义 1.5.1** 如果曲面 Σ 与方程
> $$F(x,y,z)=0$$
> 满足:
> (1) 曲面 Σ 上每一点的坐标都满足方程 $F(x,y,z)=0$;
> (2) 以满足方程 $F(x,y,z)=0$ 的解为坐标的点都在曲面 Σ 上,则称方程 $F(x,y,z)=0$ 为**曲面 Σ 的方程**,而称曲面 Σ 为此**方程的图形**.
> 特别地,如果曲面 Σ 的方程 $F(x,y,z)=0$ 是关于 x, y, z 的二次方程,则称曲面 Σ 为二次曲面.

下面简单介绍几种常见的二次曲面.

1. 球面

空间中与某个定点的距离等于定长的点的轨迹为一个**球面**.定点称为**球心**,定长称为球的**半径**.

设定点 $C(x_0,y_0,z_0)$,定长为 R,则以 C 为球心,以 R 为半径的球面方程为

$$(x-x_0)^2+(y-y_0)^2+(z-z_0)^2=R^2. \qquad (1.5.1)$$

事实上，设 $M(x,y,z)$ 是球面上任一点，则有

$$|\overrightarrow{MC}|=R,$$

即

$$\sqrt{(x-x_0)^2+(y-y_0)^2+(z-z_0)^2}=R,$$

两边平方，即得到方程(1.5.1).

反之，若 $M(x,y,z)$ 的坐标满足方程(1.5.1)，则总有 $|\overrightarrow{MC}|=R$，所以方程(1.5.1)是以 $C(x_0,y_0,z_0)$ 为球心，R 为半径的球面方程.

特别地，以坐标原点为球心，以 R 为半径的球面方程为

$$x^2+y^2+z^2=R^2. \qquad (1.5.2)$$

2. 椭球面

由方程

$$\frac{x^2}{a^2}+\frac{y^2}{b^2}+\frac{z^2}{c^2}=1 \ (a>0,b>0,c>0) \qquad (1.5.3)$$

所确定的曲面称为**椭球面**，a，b，c 称为椭球面的**半轴**，方程(1.5.3)称为**椭球面的标准方程**.

下面讨论椭球面的性质及图像.

(1) 图形的范围

由方程(1.5.3)显然有

$$-a\leqslant x\leqslant a, \ -b\leqslant y\leqslant b, \ -c\leqslant z\leqslant c.$$

因此，椭球面在 $x=\pm a$，$y=\pm b$，$z=\pm c$ 这六个平面所围成的长方体内.

(2) 对称性

以 $-x$ 代替方程中的 x，方程不变，说明点 (x,y,z) 和关于 yOz 平面对称的点 $(-x,y,z)$ 都在椭球面上，即椭球面关于 yOz 平面对称. 同理，椭球面也关于 zOx 平面和 xOy 平面对称.

以 $-x$，$-y$ 代替方程中的 x，y，方程不变，说明椭球面关于 z 轴对称. 同理，椭球面也关于 y 轴和 x 轴对称.

以 $-x$，$-y$，$-z$ 代替方程中的 x，y，z，方程不变，因此椭球面关于原点对称.

椭球面与三个坐标轴的六个交点 $(\pm a,0,0)$，$(0,\pm b,0)$，$(0,0,\pm c)$ 称为椭球面的**顶点**.

(3) 椭球面的截痕

用平行于坐标平面的平面去截曲面，所得的交线称为该曲面的**截痕**.

用一组平行于 xOy 平面的平面 $z=h(\,|\,h\,|\,\leqslant c)$ 去截椭球面，截痕方程为

$$\begin{cases} \dfrac{x^2}{a^2}+\dfrac{y^2}{b^2}+\dfrac{z^2}{c^2}=1, \\ z=h. \end{cases}$$

这组截痕为椭圆，并且 $|\,h\,|$ 越大，椭圆越小，当 $|\,h\,|=c$ 时，截痕缩成两点 $(0,0,c)$ 和 $(0,0,-c)$，当 $h=0$ 时，即用 xOy 平面去截椭球面，得到的截痕最大.

同样，用平行于 yOz 平面和 zOx 平面的平面去截椭球面能得到类似的结果.

综上，可以得到椭球面的形状如图 1.5.1 所示.

3. 双曲面

双曲面由图形的特点分为单叶双曲面和双叶双曲面.

由方程

$$\frac{x^2}{a^2}+\frac{y^2}{b^2}-\frac{z^2}{c^2}=1 \quad (a>0,b>0,c>0) \qquad (1.5.4)$$

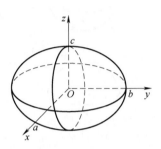

图　1.5.1

所确定的曲面称为**单叶双曲面**.

由方程

$$\frac{x^2}{a^2}+\frac{y^2}{b^2}-\frac{z^2}{c^2}=-1 \quad (a>0,b>0,c>0) \qquad (1.5.5)$$

所确定的曲面称为**双叶双曲面**.

下面讨论单叶双曲面的图形.

显然，单叶双曲面关于各坐标轴、坐标平面及原点对称.

用一组平行于 xOy 平面的平面 $z=h$ 去截它，截痕为椭圆，其方程为

$$\begin{cases} \dfrac{x^2}{a^2}+\dfrac{y^2}{b^2}=1+\dfrac{h^2}{c^2}, \\ z=h. \end{cases}$$

并且 $|\,h\,|$ 越大，椭圆越大.

用 yOz 平面截曲面，得到一条实轴为 y 轴的双曲线.

用 zOx 平面截曲面，得到一条实轴为 x 轴的双曲线.

因此，单叶双曲面的图形如图 1.5.2 所示.

注　方程

$$\frac{x^2}{a^2}-\frac{y^2}{b^2}+\frac{z^2}{c^2}=1 \text{ 和 } -\frac{x^2}{a^2}+\frac{y^2}{b^2}+\frac{z^2}{c^2}=1$$

也都是单叶双曲面.

用同样的方法也可以得到双叶双曲面的图形.

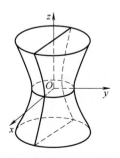

图　1.5.2

用 $z=h$ 去截双叶双曲面,截痕方程为

$$\begin{cases} \dfrac{x^2}{a^2}+\dfrac{y^2}{b^2}=\dfrac{h^2}{c^2}-1, \\ z=h. \end{cases}$$

当 $|h|<c$ 时,无截痕;当 $|h|=c$ 时,截痕为两点 $(0,0,\pm c)$;当 $|h|>c$ 时,截痕为椭圆,且 $|h|$ 越大,椭圆越大.

用 yOz 平面去截它,截痕是一条实轴为 z 轴的双曲线.

用 zOx 平面去截它,截痕是一条实轴为 z 轴的双曲线.

因此,双叶双曲面的图形如图 1.5.3 所示.

注　方程

$$\frac{x^2}{a^2}-\frac{y^2}{b^2}+\frac{z^2}{c^2}=-1 \ \text{和} \ -\frac{x^2}{a^2}+\frac{y^2}{b^2}+\frac{z^2}{c^2}=-1$$

也是双叶双曲面.

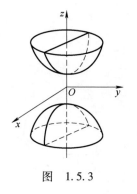

图　1.5.3

4. 抛物面

常见的抛物面有椭圆抛物面和双曲抛物面.

由方程

$$z=\frac{x^2}{a^2}+\frac{y^2}{b^2} \qquad (a>0,b>0,c>0) \tag{1.5.6}$$

所确定的曲面称为**椭圆抛物面**.

由方程

$$z=\frac{x^2}{a^2}-\frac{y^2}{b^2} \qquad (a>0,b>0,c>0) \tag{1.5.7}$$

所确定的曲面称为**双曲抛物面**.

用截痕法可得到它们的图形分别如图 1.5.4 与图 1.5.5 所示.

注　双曲抛物面的图形形状很像马鞍,因此也称**马鞍面**.

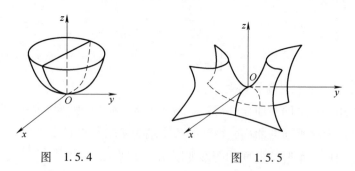

图　1.5.4　　　　　　　　　　图　1.5.5

5. 柱面

用直线 L 沿空间一条曲线 Γ 平行移动所形成的曲面称为**柱面**.动直线 L 称为柱面的**母线**,定曲线 Γ 称为柱面的**准线**,如图 1.5.6 所示.

常见的柱面有：

圆柱面：$x^2+y^2=R^2$ （见图 1.5.7）.

椭圆柱面：$\dfrac{x^2}{a^2}+\dfrac{y^2}{b^2}=1$ （见图 1.5.8）.

双曲柱面：$\dfrac{y^2}{b^2}-\dfrac{x^2}{a^2}=1$ （见图 1.5.9）.

抛物面：$x^2=2py$ （见图 1.5.10）.

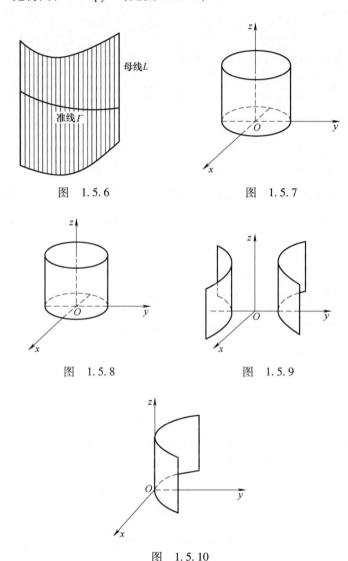

图 1.5.6　　　　　　图 1.5.7

图 1.5.8　　　　　　图 1.5.9

图 1.5.10

注 若曲面方程为 $F(x,y)=0$，则它一定是母线平行于 z 轴，准线为 xOy 平面的一条曲线 Γ（Γ 在平面直角坐标系中的方程为 $F(x,y)=0$）的柱面.

如圆柱面：$x^2+y^2=R^2$，它就是以 xOy 平面上的圆作为准线，以平行于 z 轴的直线作为母线形成的柱面.

6. 旋转曲面

一条平面曲线 Γ 绕同一平面内的一条定直线 L 旋转所形成的曲面称为**旋转曲面**. 曲线 Γ 称为旋转曲面的**母线**，定直线 L 称为旋转曲面的**旋转轴**，简称**轴**.

前面讲过的球面、圆柱面等都是旋转曲面.

> **定理 1.5.1** 设母线 Γ 在 yOz 平面上，它的平面直角坐标方程为
> $$F(y,z) = 0,$$
> 则 Γ 绕 z 轴旋转所成的旋转曲面 Σ 的方程为
> $$F(\pm\sqrt{x^2+y^2}, z) = 0. \tag{1.5.8}$$

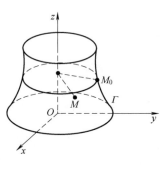

图 1.5.11

证 首先，如图 1.5.11 所示，设 $M(x,y,z)$ 为旋转曲面上的任一点，并假定点 M 是由曲线 Γ 上的点 $M_0(0,y_0,z_0)$ 绕 z 轴旋转到一定角度而得到的. 因而 $z=z_0$，且点 M 到 z 轴的距离与点 M_0 到 z 轴的距离相等. 而点 M 到 z 轴的距离为 $\sqrt{x^2+y^2}$，点 M_0 到 z 轴的距离为 $\sqrt{y_0^2} = |y_0|$，故 $y_0 = \pm\sqrt{x^2+y^2}$. 又因为 M_0 在 Γ 上，因而 $F(y_0, z_0) = 0$，将上式代入得
$$F(\pm\sqrt{x^2+y^2}, z) = 0,$$
即旋转曲面上任一点 $M(x,y,z)$ 的坐标满足方程 $F(\pm\sqrt{x^2+y^2}, z) = 0$.

反之，若点 $M(x,y,z)$ 的坐标满足方程 $F(\pm\sqrt{x^2+y^2}, z) = 0$，则不难证明 $M \in \Sigma$.

于是，该旋转曲面的方程为
$$F(\pm\sqrt{x^2+y^2}, z) = 0.$$

注 此定理说明，若旋转曲面的母线 Γ 在 yOz 平面上，它在平面直角坐标系中的方程为 $F(y,z) = 0$，要写出曲线 Γ 绕 z 轴旋转的旋转曲面的方程，则只需将方程 $F(y,z) = 0$ 中的 y 换成 $\pm\sqrt{x^2+y^2}$ 即可.

同理，曲线 Γ 绕 y 轴旋转的旋转曲面的方程为 $F(y, \pm\sqrt{x^2+z^2}) = 0$，即将 $F(y,z) = 0$ 的 z 换成 $\pm\sqrt{x^2+z^2}$.

反之，一个方程是否表示旋转曲面，只需看方程中是否含有两个变量的平方和.

例如，在 yOz 平面内的椭圆 $\dfrac{y^2}{b^2} + \dfrac{z^2}{c^2} = 1$ 绕 z 轴旋转所得到的旋转曲面的方程为

$$\frac{x^2+y^2}{b^2}+\frac{z^2}{c^2}=1.$$

该曲面称为旋转椭球面.

例 1.5.1　求 xOy 平面上的双曲线 $\dfrac{x^2}{9}-\dfrac{y^2}{4}=1$ 绕 x 轴旋转形成的

旋转曲面的方程.

解　由于绕 x 轴旋转，只需将方程

$$\frac{x^2}{9}-\frac{y^2}{4}=1$$

中的 y 换成 $\pm\sqrt{y^2+z^2}$ 即可，所以，所求的旋转曲面的方程为

$$\frac{x^2}{9}-\frac{y^2+z^2}{4}=1.$$

该曲面为旋转双叶双曲面.

习题 1.5

1. 一动点到 x 轴的距离与它到点 $(1,2,0)$ 的距离相等，求动点的轨迹方程，并指出是何种曲面.

2. 求下列各球面的方程：

（1）圆心为 $(2,-1,3)$，半径为 $R=6$；

（2）圆心在原点，且经过点 $(6,-2,3)$；

（3）一条直径的两端点是 $(2,-3,5)$ 与 $(4,1,-3)$；

（4）通过原点与点 $(4,0,0),(1,3,0),(0,0,-4)$.

3. 求下列旋转曲面的方程：

（1）将 xOy 坐标面上的抛物线 $y^2=5x$ 绕 x 轴旋转一周，求所生成的旋转曲面的方程.

（2）将 zOx 面上的双曲线 $\dfrac{x^2}{a^2}-\dfrac{z^2}{c^2}=1$ 分别绕 x 轴和 z 轴旋转一周所生成的旋转曲面的方程.

（3）将 xOy 面上的曲线 $4x^2-16y^2=100$ 分别绕 x 轴和 y 轴旋转一周所生成的旋转曲面.

4. 指出下列曲面哪些是旋转曲面？如果是旋转曲面，说明它是如何产生的.

（1）$x^2+y^2+z^2=1$；

（2）$x^2+2y^2+3z^2=1$；

（3）$\dfrac{x^2}{9}+\dfrac{y^2}{4}+\dfrac{z^2}{9}=1$；

（4）$x^2-\dfrac{y^2}{4}+z^2=1$；

（5）$x^2-y^2-z^2-1$；

（6）$x^2+y^2-2z=0$.

5. 指出下列曲面的名称，并作图：

（1）$\dfrac{x^2}{4}+\dfrac{z^2}{25}=1$；

（2）$y^2=2z$；

（3）$x^2+y^2+z^2-2x=1$；

（4）$\dfrac{x^2}{4}+\dfrac{y^2}{3}+\dfrac{z^2}{3}=1$.

1.6　曲线及其方程

我们知道，直线就是两个平面的交线，它的方程就是联立两个平面方程的方程组. 类似地，空间中的曲线可以看作是两个曲面的交线，这时曲线上的点同时在两个曲面上，即曲线上的点的

坐标同时满足两个曲面的方程，反之亦然.

本节主要论述了空间曲线方程的概念及几种不同形式的曲线方程.

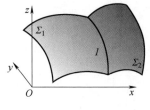

图　1.6.1

> **定义 1.6.1**　设曲面 Σ_1 的方程为 $F_1(x,y,z)=0$，曲面 Σ_2 的方程为 $F_2(x,y,z)=0$，则满足方程组
>
> $$\begin{cases} F_1(x,y,z)=0, \\ F_2(x,y,z)=0 \end{cases} \qquad (1.6.1)$$
>
> 的点的轨迹叫作**曲线**，该方程称为**曲线的方程**（见图 1.6.1）.

1. 空间曲线的一般方程

空间曲线的形如式（1.6.1）的方程称为**一般方程**.

2. 空间曲线的参数方程

曲线从本质上来说是一维图形，即曲线上任何一点，如果确定了一个坐标，另外两个坐标也就跟着被确定了，也就是说它只有一个自由度. 这个本质决定了如果它的方程用参数表示，那么参数就只能有一个. 因此曲线参数方程的一般形式应该是

$$\begin{cases} x=x(t), \\ y=y(t), \quad (\alpha \leqslant t \leqslant \beta). \\ z=z(t) \end{cases} \qquad (1.6.2)$$

3. 空间曲线在坐标面上的投影

（1）空间曲线在坐标面上的投影曲线

对一般的空间曲线 Γ，以 Γ 为准线，作母线平行于 z 轴的柱面 Σ_z，称 Σ_z 与 xOy 平面的交线 L_z 为 Γ 在 xOy 平面上的投影曲线（简称投影），称柱面 Σ_z 为 Γ 关于 xOy 面上的投影柱面（见图 1.6.2）.

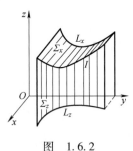

图　1.6.2

类似地，若柱面的母线平行于 x 轴或 y 轴，得到的是 Γ 在 yOz 平面或 xOz 平面上的投影 L_x，L_y 及相应的投影曲面 Σ_x，Σ_y.

xOy 平面上的圆 $x^2+y^2=2$，是以 Γ 为准线、母线平行于 z 轴的柱面与坐标面 xOy 的截交线，这条截交线称为在 xOy 面上的投影曲线. 同理，yOz 平面上的曲线 $y^2=z$，则是以 Γ 为准线，母线平行于 x 轴的柱面与坐标面 yOz 的截交线，这条截交线称为 Γ 在 yOz 面上的投影曲线.

得到了曲线在坐标面上的投影曲线，不但可以加强曲线的直观形象，而且也有助于了解曲线的变化范围.

（2）从曲线的一般方程求投影曲线的方程

为了求出空间曲线 Γ 在 xOy 平面上的投影 L_z 的方程，只要能把 Γ 表示成方程

$$
\begin{cases}
f(x,y) = 0, \\
g(x,y,z) = 0
\end{cases}
\tag{1.6.3}
$$

即可.

因为方程 $f(x,y) = 0$ 表示母线平行于 z 轴的柱面 Σ_z, 这样就把 Γ 表示成 Σ_z 与另一个曲面 $g(x,y,z) = 0$ 的交线, Σ_z 正好是 Γ 关于坐标面 xOy 的投影柱面, 因此 $\begin{cases} f(x,y) = 0, \\ z = 0 \end{cases}$ 即为 Γ 在 xOy 平面上的投影 L_z 的方程. 故对 Γ 的一般方程

$$
\begin{cases}
F(x,y,z) = 0, \\
G(x,y,z) = 0,
\end{cases}
\tag{1.6.4}
$$

为了求得它在 xOy 平面上的投影 L_z 的方程, 只要作等价变换, 在式 (1.6.4) 的两个方程之一中消去 z, 使之成为式 (1.6.3) 所示的形式.

同理, 若在式 (1.6.4) 的两个方程之一中消去 x 或 y, 使之成为形式

$$
\begin{cases}
f(y,z) = 0, \\
g(x,y,z) = 0
\end{cases}
\quad\text{或}\quad
\begin{cases}
f(x,z) = 0, \\
g(x,y,z) = 0,
\end{cases}
$$

那么
$$
\begin{cases}
f(y,z) = 0, \\
x = 0
\end{cases}
\quad\text{与}\quad
\begin{cases}
f(x,z) = 0, \\
y = 0
\end{cases}
$$

就依次是在 yOz 平面上的投影 L_x 的方程和在 xOz 平面上的投影 L_y 的方程.

例 1.6.1　方程组 $\begin{cases} x^2 + y^2 + z^2 = 25, \\ z = 3 \end{cases}$ 表示怎样的曲线?

解　方程组表示球心在原点、半径为 5 的球面 $x^2 + y^2 + z^2 = 5^2$ 与平面 $z = 3$ 的交线, 它是在平面 $z = 3$ 上圆心为 $(0,0,3)$、半径为 4 的一个圆 (见图 1.6.3).

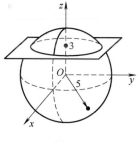

图　1.6.3

例 1.6.2　求球面 $x^2 + y^2 + z^2 = (2R)^2$ 与圆柱面 $(x-R)^2 + y^2 = R^2$ 的截交线.

解　截交线的方程为

$$
\begin{cases}
x^2 + y^2 + z^2 = (2R)^2, \\
(x-R)^2 + y^2 = R^2.
\end{cases}
$$

这条曲线是圆柱面与球面的交线. 其圆柱面过球心且其直径与球面的半径相等, 球面球心为坐标原点, 半径为 $2R$. 曲线图像如图 1.6.4 所示 (图上仅画出了上半球面上的截交线). 这条交线在数学上常称为**维维安尼曲线**.

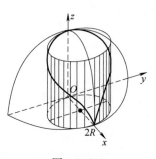

图　1.6.4

例 1.6.3   在一张透明的矩形纸上有一条与底边成 θ 角的直线 L，现在把它卷成半径为 R 的圆筒，若忽略纸的厚度，则矩形成为直圆柱面，L 成为绕卷圆柱面上的曲线. 称此曲线为等距螺线，称 θ 为螺旋角，它的特征是相邻两圈之间等距为 $b = 2\pi R\tan\theta$，称 b 为螺距. 试求等距螺线的方程.

解

建立坐标系(见图 1.6.5)，其中 x 轴经过 L 与矩形底边的交点. 任取螺旋线上一点 $M(x,y,z)$，M 在 xOy 面上的投影为 M_1，从 x 轴正向到 OM_1 转过的角度为 t，则

$$\begin{cases} z = M_1M = \dfrac{t}{2\pi} \cdot b = (R\tan\theta)t, \\ x = R\cos t, y = R\sin t. \end{cases}$$

反之，只要逆推上述过程可知，若点 $M(x,y,z)$ 的坐标满足方程，那么 M 必定在螺线上. 由此得到等距螺线的方程是

$$\begin{cases} x = R\cos t, \\ y = R\sin t, \qquad (t \geqslant 0). \\ z = (R \cdot \tan\theta)t \end{cases}$$

所得到的方程与曲线的一般式不同，它含有一个参数 t，因此称为**等距螺线的参数式方程**.

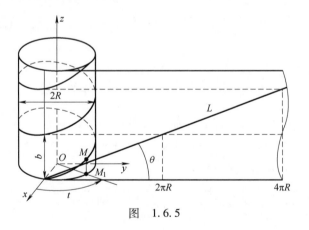

图   1.6.5

例 1.6.4   求参数方程 $\begin{cases} x = \cos t + \sin t, \\ y = \cos t - \sin t, \\ z = 1 - \sin 2t \end{cases}$ 所表示的曲线 Γ.

解   前两个方程两边平方相加得 $x^2 + y^2 = 2$，又

$$y^2 = 1 - 2\cos t\sin t = 1 - \sin 2t = z,$$

所以曲线 Γ 的方程又能写成

$$\begin{cases} x^2 + y^2 = 2, \\ y^2 = z. \end{cases}$$

参数方程表示的曲线是圆柱面 $x^2+y^2=2$ 与抛物柱面 $y^2=z$ 的交线. 其图像如图 1.6.6 所示.

例 1.6.5　求曲面 $4z=2x^2+y^2$ 与平面 $x-z=0$ 的交线，在 xOy 平面上的投影曲线 L_z 和 yOz 平面上的投影曲线 L_x 的方程.

解　交线的方程为

$$\begin{cases} x-z=0, \\ 4z=2x^2+y^2. \end{cases}$$

为了求得 L_z 的方程，应该在方程组的两个方程之一中消去 z. 为此，把第一个方程的 $z=x$ 代入第二个方程得 $4x=2x^2+y^2$. 即

$$2(x-1)^2+y^2=2, \text{或}(x-1)^2+\frac{y^2}{2}=1.$$

由此可得 L_z 的方程为 $\begin{cases} (x-1)^2+\dfrac{y^2}{2}=1, \\ z=0. \end{cases}$

这是 xOy 平面上的一个椭圆（见图 1.6.7）.

为了求得 L_x 的方程，应该在方程组的两个方程之一中消去 x. 为此，把第一个方程的 $z=x$ 代入第二个方程，得 $4z=2z^2+y^2$，即

$$2(z-1)^2+y^2=2 \quad \text{或}(z-1)^2+\frac{y^2}{2}=1.$$

由此可得 L_x 的方程

$$\begin{cases} (z-1)^2+\dfrac{y^2}{2}=1, \\ x=0. \end{cases}$$

这是 yOz 平面上的一个椭圆（见图 1.6.7）.

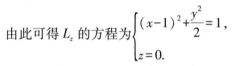

图　1.6.6

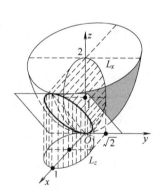

图　1.6.7

习题 1.6

1. 指出下列方程所表示的曲线的形状：

（1）$\begin{cases} 3x^2+y^2=z, \\ y=3; \end{cases}$

（2）$\begin{cases} x^2+4y^2+9z^2=30, \\ z=1; \end{cases}$

（3）$\begin{cases} x^2-4y^2+z^2=25, \\ x=-3; \end{cases}$

（4）$\begin{cases} y^2+z^2-4x+8=0, \\ y=4; \end{cases}$

（5）$\begin{cases} \dfrac{y^2}{9}-\dfrac{z^2}{4}=1, \\ x-2=0. \end{cases}$

2. 求下列曲线关于 xOy 面的投影方程：

（1）$\begin{cases} y^2+z^2-2x=0, \\ z=3; \end{cases}$

（2）$\begin{cases} x^2+y^2+z^2=1, \\ x^2+(y-1)^2+(z-1)^2=1; \end{cases}$

（3）$\begin{cases} x^2+y^2=-z, \\ x+z+1=0. \end{cases}$

3. 求曲线 $\begin{cases} z=2-x^2-y^2, \\ z=(x-1)^2+(y-1)^2 \end{cases}$ 在三个坐标面上的投影曲线方程.

4. 求抛物面 $y^2+z^2=x$ 与平面 $x+2y-z=0$ 的交线在三个坐标面上的投影方程.

5. 求锥面 $z=\sqrt{x^2+y^2}$ 与柱面 $z^2=2x$ 所围成立体在三个坐标面上的投影.

6. 求曲面 $z=\sqrt{6-x^2-y^2}$ 与 $x^2+y^2=z$ 所围的立体在 xOy 面上的投影.

7. 设一个立体由上半球面 $z=\sqrt{4-x^2-y^2}$ 和锥面 $z=\sqrt{3(x^2+y^2)}$ 所围成，求它在 xOy 面上的投影.

8. 求螺旋线 $\begin{cases} x=a\cos\theta, \\ y=a\sin\theta, \\ z=b\theta \end{cases}$ 在三个坐标面上的投影曲线的直角坐标方程.

9. 化曲线 $\begin{cases} x=a\cos^2 t, \\ y=a\sin^2 t, \\ z=a\sin 2t \end{cases}$ $(0 \leqslant t \leqslant 2\pi)$ 为一般方程.

10. 将下列曲线的一般方程化为参数方程：

(1) $\begin{cases} (x-1)^2+(y+2)^2+(z-3)^3=9, \\ x=5; \end{cases}$

(2) $\begin{cases} x^2+y^2+z^2=9, \\ y=x. \end{cases}$

第1章总习题

1. 在正确的结论后打对号，在错误的结论后打错号：

(1) 若 $\boldsymbol{a} \cdot \boldsymbol{b}=\boldsymbol{b} \cdot \boldsymbol{c}$ 且 $\boldsymbol{b}\neq\boldsymbol{0}$，则 $\boldsymbol{a}=\boldsymbol{c}$；（   ）

(2) 若 $\boldsymbol{a}\times\boldsymbol{b}=\boldsymbol{b}\times\boldsymbol{c}$ 且 $\boldsymbol{b}\neq\boldsymbol{0}$，则 $\boldsymbol{a}=\boldsymbol{c}$；（   ）

(3) 若 $\boldsymbol{a} \cdot \boldsymbol{c}=0$，则 $\boldsymbol{a}=\boldsymbol{0}$ 或 $\boldsymbol{c}=\boldsymbol{0}$；（   ）

(4) $\boldsymbol{a}\times\boldsymbol{b}=-\boldsymbol{b}\times\boldsymbol{a}$.（   ）

2. 填空题：

(1) 已知向量 $\boldsymbol{a}=(2,3,-4)$，$\boldsymbol{b}=(5,-1,1)$，则向量 $\boldsymbol{c}=2\boldsymbol{a}-3\boldsymbol{b}$ 在 y 轴上的投影向量是_____；

(2) 若 $|\boldsymbol{a}|$，$|\boldsymbol{b}|=\sqrt{2}$，$\boldsymbol{a}$，$\boldsymbol{b}$ 的夹角为 $\dfrac{\pi}{2}$，则 $|\boldsymbol{a}\times\boldsymbol{b}|=$ _____，$\boldsymbol{a} \cdot \boldsymbol{b}=$ _____；

(3) 已知 $A(1,0,1)$，$B(2,3,-1)$，$C(-1,2,0)$，则 $\triangle ABC$ 的面积为_____；

(4) 设 $\boldsymbol{a}=(2,1,2)$，$\boldsymbol{b}=(4,-1,10)$，$\boldsymbol{c}=\boldsymbol{b}-\lambda\boldsymbol{a}$，且 $\boldsymbol{a}\perp\boldsymbol{c}$，则 $\lambda=$ _____；

(5) 已知原点到平面 $2x-y+kz-6=0$ 的距离等于 2，则 k 的值为_____；

(6) 与平面 $x-y+2z-6=0$ 垂直的单位向量为_____；

(7) 过点 $(-3,1,-2)$ 和 $(3,0,5)$ 且平行于 x 轴的平面方程为_____；

(8) 过原点且垂直于平面 $2y-z+2=0$ 的直线为_____.

3. 已知 $\boldsymbol{a}=(1,-2,1)$，$\boldsymbol{b}=(1,1,2)$，计算：

(1) $\boldsymbol{a}\times\boldsymbol{b}$；   (2) $(2\boldsymbol{a}-\boldsymbol{b}) \cdot (\boldsymbol{a}+\boldsymbol{b})$；

(3) $|\boldsymbol{a}-\boldsymbol{b}|^2$.

4. 已知向量 $\overrightarrow{P_1P_2}$ 的始点为 $P_1(2,-2,5)$，终点为 $P_2(-1,4,7)$，试求：

(1) 向量 $\overrightarrow{P_1P_2}$ 的坐标表示；

(2) 向量 $\overrightarrow{P_1P_2}$ 的模；

(3) 向量 $\overrightarrow{P_1P_2}$ 的方向余弦；

(4) 与向量 $\overrightarrow{P_1P_2}$ 方向一致的单位向量.

5. 已知向量 $\boldsymbol{a}$ 与 $\boldsymbol{b}$ 的夹角为 $\dfrac{\pi}{6}$，且 $|\boldsymbol{a}|=\sqrt{3}$，$|\boldsymbol{b}|=1$，求 $\boldsymbol{a}+\boldsymbol{b}$ 与 $\boldsymbol{a}-\boldsymbol{b}$ 之间的夹角.

6. 求一向量 $\boldsymbol{p}$，使 $\boldsymbol{p}$ 满足下面三个条件：

(1) $\boldsymbol{p}$ 与 z 轴垂直；

(2) $\boldsymbol{a}=(3,-1,5)$，$\boldsymbol{a} \cdot \boldsymbol{p}=9$；

(3) $\boldsymbol{b}=(1,2,-3)$，$\boldsymbol{b} \cdot \boldsymbol{p}=-4$.

7. 求满足下列条件的平面方程：

(1) 过三点 $P_1(0,1,2)$，$P_2(1,2,1)$，$P_3(3,0,4)$；

(2) 过 x 轴且与平面 $\sqrt{5}x+2y+z=0$ 的夹角为 $\dfrac{\pi}{3}$.

8. 一平面过直线 $\begin{cases} x+5y+z=0, \\ x-z+4=0 \end{cases}$ 且与平面 $x-4y-8z+12=0$ 垂直，求该平面方程.

9. 求通过点 $A(3,0,0)$ 和 $B(0,0,1)$，且与平面 $\varPi: x+y+z=1$ 垂直的平面方程.

10. 求既与两平面 $x-4z=3$ 和 $2x-y-5z=1$ 的交线平行，又过点 $(-3,2,5)$ 的直线方程.

11. 一直线过点 $A(-1,0,4)$，且平行于平面 $3x-4y+z-10=0$，又和直线 $\dfrac{x+1}{1}=\dfrac{y-3}{1}=\dfrac{z}{2}$ 相交，求该直线方程.

12. 指出下列方程表示的图形名称：

(1) $x^2+4y^2+z^2=1$；

(2) $x^2+z^2=2z$；

(3) $z=\sqrt{x^2+y^2}$；

(4) $x^2-y^2=0$；

(5) $x^2-y^2=1$；

(6) $\begin{cases} z=x^2+y^2, \\ z=2. \end{cases}$

第 2 章
多元函数微分法及其应用

在自然科学和工程技术中常常遇到依赖于两个或更多个自变量的函数，这种函数统称为多元函数，本章将在一元函数的基础上，讨论多元函数的基本概念和多元函数的微分法及其应用.

本章主要讨论二元函数，因为从一元函数到二元函数，在内容和方法上有一些实质性的差别. 而从二元函数到三元函数或三元以上的函数，没有本质上的差别，仅会产生一些技术上的困难. 学习本章需要在方法上注意与一元函数对照类比，并注意它们之间的区别和联系，以便更好地掌握多元函数微分学的基本概念和方法.

2.1 多元函数的极限与连续性

在一元函数的学习中，我们知道一元函数的定义域是实数轴上的子集，一般情况是区间. 关于区间，又分为开区间、闭区间等. 这些概念都可以推广到二元（多元）函数上来，由于二元函数有两个自变量，因此自变量的取值范围是平面点集.

2.1.1 平面点集

我们称有序实数对(x,y)组成的集合

$$\mathbf{R}^2 = \{(x,y) \mid x,y \in \mathbf{R}\}$$

为二维空间. 在平面解析几何中，我们通常用 $\mathbf{R}^2$ 表示整个平面 xOy. 用二维空间 $\mathbf{R}^2$ 的子集 E 表示**平面点集**，$P_0 \in E$ 表示平面上的一点. 下面我们介绍几个与平面点集有关的术语.

1. 邻域

设 $P_0(x_0,y_0)$ 是 xOy 平面上的一点，$\delta > 0$，我们称与点 P_0 距离小于 δ 的点所组成的集合为点 P_0 的 **δ 邻域**，记为 $U(P_0,\delta)$，即

$$U(P_0,\delta) = \{(x,y) \mid \sqrt{(x-x_0)^2+(y-y_0)^2} < \delta\}.$$

由邻域的定义可知，$U(P_0,\delta)$ 就是 xOy 平面上以 P_0 为圆心，以 δ 为半径的圆的内部，不包含圆周.

集合 $\mathring{U}(P_0,\delta)=\{(x,y)\mid 0<\sqrt{(x-x_0)^2+(y-y_0)^2}<\delta\}$ 称为点 P_0 的 δ **去心邻域**. 可见，点 P_0 的 δ 去心邻域 $\mathring{U}(P_0,\delta)$ 就是点 P_0 的 δ 邻域 $U(P_0,\delta)$ 去掉点 P_0. 在不需要强调 δ 的大小时，常常将 $U(P_0,\delta)$ 和 $\mathring{U}(P_0,\delta)$ 分别简记为 $U(P_0)$ 和 $\mathring{U}(P_0)$.

2. 内点、外点与边界点

设 E 是 xOy 平面上一点集，P 是平面上一点，则点 P 与点集 E 之间的关系必为如下三种关系之一.

（1）如果存在点 P 的某个邻域 $U(P,\delta)$，使得 $U(P,\delta)\subset E$，则称 P 是 E 的**内点**.

（2）如果存在点 P 的某个邻域 $U(P,\delta)$，使得 $U(P,\delta)\cap E=\varnothing$，则称 P 是 E 的**外点**.

（3）如果点 P 的任意邻域内既有属于 E 的点也有不属于 E 的点，则称 P 是 E 的**边界点**.

点集 E 的边界点的全体所构成的集合称为 E 的**边界**，记为 ∂E.

显然，E 的内点必属于 E；E 的外点必不属于 E；而 E 的边界点可能属于 E，也可能不属于 E.

3. 开区域与闭区域

如果点集 E 中的点都是 E 的内点，则称 E 为**开集**. 如果点集 E 中的边界 $\partial E\subset E$，则称 E 为**闭集**. 例如，点集 $\{(x,y)\mid 2<x^2+y^2<3\}$ 是开集，其边界为圆周 $x^2+y^2=2$ 和 $x^2+y^2=3$；点集 $\{(x,y)\mid 2\leqslant x^2+y^2\leqslant 3\}$ 是闭集；$\{(x,y)\mid 2\leqslant x^2+y^2<3\}$ 既不是开集，也不是闭集.

如果点集 E 内任意两点，都可以用折线连接起来，且该折线上的点都属于 E，则称点集 E 是**连通的**.

连通的开集称为**开区域**. 开区域连同它的边界一起称为**闭区域**.

例如，点集 $\{(x,y)\mid 2<x^2+y^2<3\}$ 是开区域；点集 $\{(x,y)\mid 2\leqslant x^2+y^2\leqslant 3\}$ 是闭区域.

4. 有界区域与无界区域

对于平面点集 E，如果存在某一正数 $\delta>0$，使得 $E\subset U(O,\delta)$，其中 O 是坐标原点，则称 E 是**有界集**. 否则称其为**无界集**.

点集 $\{(x,y)\mid 2\leqslant x^2+y^2\leqslant 3\}$ 是有界闭区域；点集 $\{(x,y)\mid x^2+y^2>1\}$ 是无界开区域；点集 $\{(x,y)\mid x^2+y^2\geqslant 1\}$ 是无界闭区域.

2.1.2　多元函数的概念

1. 引例

在《微积分》（上册）中，我们接触的函数都是因变量 y 由一个

自变量 x 确定的函数, 即变量 y 只与一个变量 x 有关, 且由 x 确定. 这样的函数称为一元函数. 但是在许多实际问题中, 我们会遇到一个变量与另外两个(或多个)变量有关并由它们确定的情形, 如下面的例子.

例 2.1.1　圆柱体体积 V 和它的底半径 r 以及高 h 之间有下述关系:

$$V = \pi r^2 h \ (r>0, h>0).$$

其中, V、r、h 是三个变量, 当变量 r、h 在集合 $\{(r,h) \mid r>0, h>0\}$ 内取定一对数值 r_0, h_0 时, 根据如上给定的关系, 就可以得到唯一确定的值 $V_0 = \pi r_0^2 h_0$ 与之对应.

例 2.1.2　平面几何中著名的勾股定理给出了直角三角形两条直角边 a, b 与斜边 c 之间的关系为

$$c = \sqrt{a^2+b^2} \ (a>0, b>0).$$

在集合 $\{(a,b) \mid a>0, b>0\}$ 中任意取定一组数值 a_0, b_0, 根据上式, 可以得到唯一确定的数值 $c_0 = \sqrt{a_0^2+b_0^2}$ 与之对应.

例 2.1.3　直流电通过导体所产生的热量 Q 与电压 U、电流 I 及时间 t 有下列的依赖关系:

$$Q = 0.24 UIt (I>0, U>0, t>0).$$

其中, Q, U, I, t 是四个变量, 当其中三个变量 U, I, t 在其变化范围内任意取定一组数值 U_0, I_0, t_0 时, 根据给定的关系, Q 就有一个唯一确定的值与之对应.

在以上三例中出现的都是三个以上的变量, 它们之间存在着这样的对应关系: 其中一个变量(因变量)是依赖于其他两个或多个变量(自变量)的变化而变化的, 当自变量的值确定之后, 通过给定的规律可以得到唯一确定的数值与因变量对应.

2. 二元函数的定义

定义 2.1.1　设 D 为平面非空点集, 如果按照某种对应法则 f, 对于 D 中任意一点有唯一确定的实数 z 与之对应, 则称 f 是定义在 D 上的二元函数, 记为

$$z = f(x,y), \ (x,y) \in D,$$

其中 x、y 称为**自变量**, z 称为**因变量**. 平面点集 D 称为函数 f 的**定义域**.

当自变量 x, y 分别取为 x_0, y_0 时, 函数 z 的对应值 z_0, 称为函数 $z = f(x,y)$ 在点 (x_0, y_0) 处的**函数值**, 记为 $z_0 = f(x_0, y_0)$. 所有

函数值构成的集合称为函数 f 的**值域**，记为

$$f(D) = \{z \mid z = f(x, y), (x, y) \in D\}.$$

例 2.1.4 求二元函数 $z = \dfrac{1}{\sqrt{1-(x^2+y^2)}}$ 的定义域.

二元函数定义域的求法与一元函数类似，就是寻找使函数有意义的自变量的范围.

解 由题知，要使函数的表达式有意义，x，y 必须满足

$$x^2 + y^2 < 1,$$

因此定义域为

$$D = \{(x, y) \mid x^2 + y^2 < 1\}.$$

这里点集 D 表示 xOy 平面上以原点为圆心，以 1 为半径的圆域，是一个有界开区域，如图 2.1.1 所示.

例 2.1.5 求二元函数 $z = \sqrt{xy}$ 的定义域.

解 要使函数的表达式有意义，自变量 x、y 所取的值必须满足不等式

$$xy \geqslant 0,$$

即定义域为

$$D = \{(x, y) \mid xy \geqslant 0\}.$$

这里点集 D 表示 xOy 平面上第一、三象限(包括坐标轴在内)，此时 D 为无界闭区域，如图 2.1.2 所示.

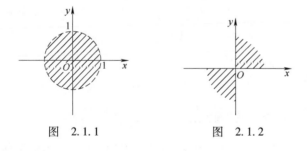

图 2.1.1 图 2.1.2

例 2.1.6 求二元函数 $z = \dfrac{1}{\sqrt{x}}\ln(x+y)$ 的定义域.

解 这个函数是由 $\dfrac{1}{\sqrt{x}}$ 和 $\ln(x+y)$ 两部分构成，所以要使函数 z 有意义，x、y 必须同时满足

$$\begin{cases} x > 0, \\ x+y > 0, \end{cases}$$

函数的定义域为

$$D = \{(x, y) \mid x > 0, x+y > 0\}.$$

平面点集 D 在 xOy 平面上所表示的几何图形如图 2.1.3 所示.

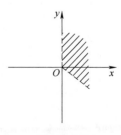

图 2.1.3

3. 二元函数的几何表示

在空间直角坐标系中，设函数 $z=f(x,y)$ 的定义域为 D，在 D 中任取一点 $M(x,y)$，由函数 $z=f(x,y)$ 可以确定出与它对应的函数值，记为 $z=f(x,y)=f(M)$．这样，我们就得到空间中一点 $P(x,y,z)$．当点 M 取遍 D 上的每一点时，我们就得到了一个空间点集

$$\{(x,y,z) \mid z=f(x,y),(x,y) \in D\}.$$

这个点集形成了一张空间曲面．我们把这个曲面称为二元函数 $z=f(x,y)$ 的图形(见图 2.1.4)．

例如，二元函数 $z=\sqrt{R^2-x^2-y^2}$ $(R>0)$ 的图像，表示以原点为球心，R 为半径的上半球面(见图 2.1.5)．

探究

你能仿照二元函数的定义写出三元函数的定义吗？举出几个三元函数的例子．

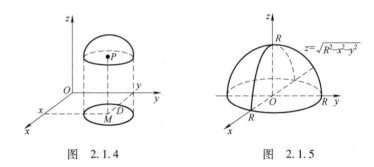

图 2.1.4   图 2.1.5

上述关于二元函数及平面区域的概念可以类似地推广到三元函数及空间区域上去，有三个自变量的函数就是三元函数 $u=f(x,y,z)$，三元函数的定义域通常是一个空间区域．一般地，还可以定义 n 元函数 $u=f(x_1,x_2,\cdots,x_n)$，它的定义域是 n 维空间的区域．通常，我们将二元及二元以上的函数统称为**多元函数**．

2.1.3 二元函数的极限

在一元函数中，我们知道极限、连续这两个重要概念刻画出当自变量变化时，函数的变化趋势及性质．同样，对于二元函数，我们也要讨论当自变量变化时，$x \to x_0$，$y \to y_0$，即点 $(x,y) \to (x_0,y_0)$，或点 (x,y) 到点 (x_0,y_0) 的距离 $\rho=\sqrt{(x-x_0)^2+(y-y_0)^2}$ 趋近于 0 时，函数 $z=f(x,y)$ 的变化趋势，即函数的极限问题．

在二元函数的极限问题中，自变量的变化情况较一元函数复杂得多．因为在平面上，点 (x,y) 趋向于定点 (x_0,y_0) 的路径可以是多种多样的，但不论点 (x,y) 趋于定点的过程有多复杂，总可以用点 (x,y) 与点 (x_0,y_0) 之间的距离趋向于 0，即 $\rho \to 0$ 来表示二元函数的极限过程，这样就可给出二元函数 $z=f(x,y)$ 在点 (x_0,y_0) 处的极限定义．

定义 2.1.2 设二元函数 $z=f(x,y)$ 在点 $P_0(x_0,y_0)$ 的某去心邻域内有定义，如果当点 (x,y) 以任意方式趋向点 $P(x_0,y_0)$ 时，函数值 $f(x,y)$ 总趋向于一个确定的常数 A，那么就称 A 是二元函数 $f(x,y)$ 当 $(x,y) \to (x_0,y_0)$ 时的**极限**，记为

$$\lim_{(x,y) \to (x_0,y_0)} f(x,y) = A$$

或

$$\lim_{\substack{x \to x_0 \\ y \to y_0}} f(x,y) = A$$

或

$$\lim_{\rho \to 0} f(x,y) = A,$$

其中 $\rho = \sqrt{(x-x_0)^2 + (y-y_0)^2}$.

二元函数极限的 $\varepsilon\text{-}\delta$ 定义：设函数 $z=f(x,y)$ 在点 P_0 的某去心邻域 $\mathring{U}(P_0,\delta_0)$ 内有定义，如果存在常数 A，使得对于任意给定的正数 ε，总存在正数 $\delta(\delta<\delta_0)$，使得当点 $P(x,y) \in \mathring{U}(P_0,\delta)$ 时，都有

$$|f(P)-A| = |f(x,y)-A| < \varepsilon$$

成立，则称常数 A 为函数 $z=f(x,y)$ 当 $(x,y) \to (x_0,y_0)$ 时的**极限**.

根据二元函数的极限概念，我们可以相应地定义 n 元函数的极限.

与一元函数的极限类似，二元函数的极限也有四则运算法则和夹逼定理.

思考

前面我们已经学习了一元函数极限的四则运算法则和夹逼定理，如何写出二元函数的呢？

例 2.1.7 求 $\lim\limits_{(x,y) \to (0,0)} \dfrac{\sin(x^2+y^2)}{x^2+y^2}$.

解 通过观察发现，分式的分子和分母都有 x^2+y^2，采用换元法.

令 $u=x^2+y^2$，因为当 $(x,y) \to (0,0)$ 时，有 $u \to 0$，所以

$$\lim_{(x,y) \to (0,0)} \frac{\sin(x^2+y^2)}{x^2+y^2} = \lim_{u \to 0} \frac{\sin u}{u} = 1.$$

本例表明，二元函数的极限问题有时可转化为一元函数的极限问题.

例 2.1.8 求 $\lim\limits_{(x,y) \to (0,0)} x\sin\dfrac{1}{y}$.

解 由正弦函数的有界性，我们考虑使用夹逼定理解决这个问题.

因为

$$0 \leqslant \left| x\sin\frac{1}{y} \right| \leqslant |x| \left| \sin\frac{1}{y} \right| \leqslant |x|,$$

当 $x \to 0$ 时，$|x| \to 0$，所以由夹逼定理，有

$$\lim_{(x,y)\to(0,0)} x\sin\frac{1}{y} = 0.$$

我们知道对于一元函数来说，x 趋于 x_0 的路径只有两种，从 x_0 左侧或者右侧趋近 x_0，如果 $\lim\limits_{x\to x_0^-} f(x)$ 与 $\lim\limits_{x\to x_0^+} f(x)$ 存在且相等，则 $\lim\limits_{x\to x_0} f(x)$ 存在，其逆也真. 需要注意的是，对二元函数来说，极限存在是指当点 $P(x,y)$ 以任意路径趋于定点 $P_0(x_0,y_0)$ 时，函数 $f(x,y)$ 都无限接近于 A. 因此，如果动点 $P(x,y)$ 以某些特殊路径趋于 $P_0(x_0,y_0)$ 时，如沿着一条或几条直线或曲线，函数 $f(x,y)$ 都无限趋于同一定值，我们仍然不能由此判定函数 $f(x,y)$ 的极限存在. 但是反过来，当 $P(x,y)$ 以不同路径趋于点 $P_0(x_0,y_0)$ 时，函数 $f(x,y)$ 趋于不同的值，则可以断定函数在点 $P_0(x_0,y_0)$ 的极限不存在.

例 2.1.9　考察函数

$$f(x,y) = \begin{cases} \dfrac{xy}{x^2+y^2}, & x^2+y^2 \neq 0, \\ 0, & x^2+y^2 = 0 \end{cases}$$

当 $(x,y)\to(0,0)$ 时的极限是否存在.

解　在 x 轴上，有 $y=0$，即 $f(x,y)=f(x,0)=0\ (x\neq 0)$，因此，当点 (x,y) 沿 x 轴趋向于 $(0,0)$ 时，

$$\lim_{x\to 0} f(x,0) = 0.$$

而在 y 轴上，有 $x=0$，$f(x,y)=f(0,y)=0\ (y\neq 0)$，因此，当点 (x,y) 沿 y 轴趋向于 $(0,0)$ 时，

$$\lim_{y\to 0} f(0,y) = 0.$$

但是，当点 (x,y) 沿着直线 $y=kx\,(k\neq 0)$ 趋向于点 $(0,0)$ 时，$f(x,y)=f(x,kx)=\dfrac{kx^2}{x^2+k^2x^2}=\dfrac{k}{1+k^2}\,(x\neq 0)$，因此

$$\lim_{\substack{(x,y)\to(0,0)\\y=kx}} f(x,y) = \lim_{x\to 0} f(x,kx) = \lim_{x\to 0} \frac{kx^2}{x^2+k^2x^2} = \frac{k}{1+k^2},$$

可以看出，随着 k 的取值不同，$\dfrac{k}{1+k^2}$ 的取值也不同，故当 $(x,y)\to(0,0)$ 时，函数 $f(x,y)$ 的极限不存在.

2.1.4　二元函数的连续性

1. 二元函数连续的定义

我们知道一元函数 $f(x)$ 在点 x_0 处连续定义为 $\lim\limits_{x\to x_0} f(x)=f(x_0)$，

即该点处的极限值等于函数值. 同样地，我们可以给出二元函数连续的概念.

> **定义 2.1.3**　设函数 $f(x,y)$ 在 D 上有定义，且 $P(x_0,y_0)\in D$，如果
> $$\lim_{(x,y)\to(x_0,y_0)}f(x,y)=f(x_0,y_0),\qquad(2.1.1)$$
> 则称函数 $f(x,y)$ 在点 $P(x_0,y_0)$ 处**连续**. 如果函数 $f(x,y)$ 在区域 D 内每一点 (x,y) 都连续，则称 $f(x,y)$ 在区域 D 上**连续**，也称 $f(x,y)$ 是 D 上的**连续函数**.
>
> 　如果 $f(x,y)$ 在点 $P(x_0,y_0)$ 处不连续，则称 $P(x_0,y_0)$ 是函数 $f(x,y)$ 的间断点.

由定义 2.1.3 可知，如果函数 $f(x,y)$ 在点 $P(x_0,y_0)$ 处是连续的，则需要满足以下三个条件：

（1）$f(x,y)$ 在点 $P(x_0,y_0)$ 处有定义；

（2）$f(x,y)$ 在点 $P(x_0,y_0)$ 处极限存在；

（3）极限值等于函数值，即 $\lim_{(x,y)\to(x_0,y_0)}f(x,y)=f(x_0,y_0)$.

由此可见，二元函数连续的定义与一元函数连续的定义在本质上是相同的. 直观地说，这也意味着函数 $f(x,y)$ 在点 $P(x_0,y_0)$ 处不发生跳跃、振荡或无界的情况. 如果函数 $z=f(x,y)$ 在平面区域 D 上连续，则其图形是 D 上的一张无孔无隙、连续的曲面.

前面已经指出：一元函数极限的运算法则，对二元函数仍然适用. 因此，根据多元函数的极限运算法则可以证明：二元函数经过四则运算和复合运算得到的函数仍是二元连续函数. 判断二元函数的连续性的方法和步骤与一元函数的相同，这里不赘述.

例 2.1.7 中的函数 $\dfrac{\sin(x^2+y^2)}{x^2+y^2}$ 在点 $(0,0)$ 处极限存在，但无定义，因此 $(0,0)$ 是函数 $\dfrac{\sin(x^2+y^2)}{x^2+y^2}$ 的间断点. 例 2.1.9 中的函数 $f(x,y)$ 在点 $(0,0)$ 处有定义，但是极限不存在，因此 $(0,0)$ 为函数 $f(x,y)$ 的间断点.

二元初等函数是指关于两个自变量的基本初等函数经过有限次的四则运算和复合所得到，且可以用一个式子表示的函数. 例如 $\dfrac{x-y}{1+x^2+y^2}$，$e^{x+y^2+z^3}$，$\sin(x^2y)$ 等都是二元初等函数.

根据上述分析可得如下定理：

定理 2.1.1   一切二元初等函数在其定义区域内是连续的.

这里定义区域是指包含在定义域内的区域.

根据此定理,如果要求二元初等函数 $f(x,y)$ 在点 $P(x_0,y_0)$ 处的极限,且点 P 又在函数 $f(x,y)$ 的定义域内,那么所求的极限值就是 $f(x,y)$ 在该点的函数值,即

$$\lim_{(x,y)\to(x_0,y_0)} f(x,y)=f(x_0,y_0).$$

例 2.1.10   求极限 $\lim\limits_{(x,y)\to(2,1)} \dfrac{4-xy}{x^2+3y^2}.$

解   因为函数 $f(x,y)=\dfrac{4-xy}{x^2+3y^2}$ 是初等函数,其定义域为 $D=\{(x,y)\mid x\neq 0, y\neq 0\}$. 点 $(2,1)$ 是定义域上一点,因此

$$\lim_{(x,y)\to(2,1)} f(x,y)=f(2,1)=\frac{4-2\times 1}{2^2+3\times 1^2}=\frac{2}{7}.$$

例 2.1.11   求极限 $\lim\limits_{(x,y)\to(0,0)} \dfrac{\sqrt{xy+1}-1}{xy}.$

解 $\lim\limits_{(x,y)\to(0,0)} \dfrac{\sqrt{xy+1}-1}{xy}=\lim\limits_{(x,y)\to(0,0)} \dfrac{xy+1-1}{xy(\sqrt{xy+1}+1)}$

$$=\lim_{(x,y)\to(0,0)} \frac{1}{\sqrt{xy+1}+1}=\frac{1}{2}.$$

若令 $x=x_0+\Delta x$,$y=y_0+\Delta y$,则定义 2.1.3 中的式(2.1.1)可写成

$$\lim_{\substack{\Delta x\to 0\\ \Delta y\to 0}} [f(x_0+\Delta x, y_0+\Delta y)-f(x_0,y_0)]=0.$$

即

$$\lim_{\substack{\Delta x\to 0\\ \Delta y\to 0}} \Delta z=0.$$

其中 Δz 称为函数 $f(x,y)$ 在点 (x_0,y_0) 处的**全增量**,即

$$\Delta z=f(x_0+\Delta x, y_0+\Delta y)-f(x_0,y_0).$$

2. 有界闭区域上连续函数的性质

我们知道,闭区间上的一元连续函数具有一些非常重要的性质,如有界性、最值存在性、介质性等. 对于有界闭区域上的二元连续函数也具有类似的性质.

性质 1(有界性定理)   在有界闭区域 D 上连续的二元函数 $f(x,y)$ 在 D 上一定有界,即存在 $M>0$,使得对任意 $(x,y)\in D$,都有 $|f(x,y)|\leqslant M$.

性质 2(最大最小值定理) 在有界闭区域 D 上连续的二元函数 $f(x,y)$ 在 D 上一定能取得最大值 M 和最小值 m,即存在 $(x_1,y_1)\in D$,$(x_2,y_2)\in D$,使得对任意 $(x,y)\in D$,都有

$$m=f(x_2,y_2)\leqslant f(x,y)\leqslant f(x_1,y_1)=M.$$

性质 3(介值定理) 在有界闭区域 D 上连续的二元函数 $f(x,y)$,必能取得介于最大值 M 和最小值 m 的任何数值,即对任意满足 $m\leqslant c\leqslant M$ 的 c,总存在 $(x_0,y_0)\in D$,使得 $f(x_0,y_0)=c$.

本节中,关于二元函数极限与连续的所有讨论完全可以推广到 n 元函数上去.

习题 2.1

1. 若 $F(x,y)=\dfrac{x-2y}{2x-y}$,求 $F(2,1)$ 和 $F(s,-1)$.

2. 若 $\psi(x,y)=(x+y)^{x-y}$,求 $\psi(0,1)$,$\psi(2,3)$.

3. $f(x,y)=x^2+y^2-xy\tan\dfrac{x}{y}$,求 $f(tx,ty)$.

4. 已知函数 $f(x,y)=2x^2+y^2$,求 $f(-x,-y)$.

5. 求下列函数的定义域:

(1) $z=\ln(xy)$; (2) $u=\dfrac{1}{\sqrt{x}}-\dfrac{1}{\sqrt{y}}-\dfrac{1}{\sqrt{z}}$;

(3) $z=\dfrac{xy}{x-y}$; (4) $z=\sqrt{4-x^2-y^2}$;

(5) $z=\ln(-x-y)$; (6) $z=\dfrac{1}{\sqrt{x^2+y^2}}$.

6. 求下列函数的极限:

(1) $\lim\limits_{(x,y)\to(1,2)}(x^2y^3-x^3y^2+3x+2y)$;

(2) $\lim\limits_{(x,y)\to(0,1)}\dfrac{1-xy}{x^2+y^2}$;

(3) $\lim\limits_{(x,y)\to(0,1)}\dfrac{\ln(x+e^2)}{\sqrt{x^2+y^2}}$;

(4) $\lim\limits_{(x,y)\to(0,0)}\dfrac{x^2+y^2}{\sqrt{x^2+y^2+1}-1}$;

(5) $\lim\limits_{(x,y)\to(\infty,\infty)}\dfrac{1}{x^2+y^2}$;

(6) $\lim\limits_{(x,y)\to(0,0)}(x+y)\cos\dfrac{1}{xy}$;

(7) $\lim\limits_{(x,y)\to(0,0)}\dfrac{\sin(x^2+y^2)}{3x^2+3y^2}$;

(8) $\lim\limits_{(x,y)\to(0,1)}\dfrac{\sin(xy)}{x(y+1)}$.

7. 求函数 $f(x,y)=\dfrac{1}{y^2-2x}$ 的连续范围.

2.2 偏导数

2.2.1 偏导数的概念及其几何意义

在研究一元函数时,是从研究函数的变化率引入导数的概念.对于多元函数同样需要讨论它的变化率.但是多元函数的自变量不止一个,多元函数与自变量的关系要比一元函数复杂得多.因

此，我们首先研究多元函数关于一个自变量的变化率. 以二元函数 $z=f(x,y)$ 为例，如果自变量 x 变化，而自变量 y 保持不变，这时函数 z 可视为 x 的一元函数，函数对 x 求导，就称为二元函数 z 对 x 的偏导数.

1. 偏导数的定义

定义 2.2.1 设函数 $z=f(x,y)$ 在点 (x_0,y_0) 的某一邻域内有定义，当 y 固定在 y_0，而 x 在 x_0 处有改变量 Δx 时，相应地函数 $f(x,y)$ 有改变量

$$f(x_0+\Delta x,y_0)-f(x_0,y_0)\,(\text{或}\,f(x,y_0)-f(x_0,y_0)).$$

如果极限

$$\lim_{\Delta x\to 0}\frac{f(x_0+\Delta x,y_0)-f(x_0,y_0)}{\Delta x}\left(\text{或}\lim_{x\to x_0}\frac{f(x,y_0)-f(x_0,y_0)}{x-x_0}\right)$$

$$(2.2.1)$$

存在，则称此极限为函数 $z=f(x,y)$ 在点 (x_0,y_0) 处对 x 的**偏导数**，记为

$$\left.\frac{\partial z}{\partial x}\right|_{(x_0,y_0)},\ \left.\frac{\partial f}{\partial x}\right|_{(x_0,y_0)},\ z_x\big|_{(x_0,y_0)}\,\text{或}\,f_x(x_0,y_0).$$

即

$$\left.\frac{\partial z}{\partial x}\right|_{(x_0,y_0)}=\lim_{\Delta x\to 0}\frac{f(x_0+\Delta x,y_0)-f(x_0,y_0)}{\Delta x}.$$

类似地，可定义函数 $z=f(x,y)$ 在点 (x_0,y_0) 处对 y 的**偏导数**为

$$\left.\frac{\partial z}{\partial y}\right|_{(x_0,y_0)}=\lim_{\Delta y\to 0}\frac{f(x_0,y_0+\Delta y)-f(x_0,y_0)}{\Delta y}\left(\text{或}\lim_{y\to y_0}\frac{f(x_0,y)-f(x_0,y_0)}{y-y_0}\right),$$

$$(2.2.2)$$

又可记为

$$\left.\frac{\partial f}{\partial y}\right|_{(x_0,y_0)},\ z_y\big|_{(x_0,y_0)}\,\text{或}\,f_y(x_0,y_0).$$

如果函数 $z=f(x,y)$ 在区域 D 内每一点 (x,y) 处对 x 的偏导数都存在，那么这个偏导数仍是自变量 x，y 的函数，我们将其称为函数 $z=f(x,y)$ 对自变量 x 的**偏导函数**(也简称偏导数)，记为

$$\frac{\partial z}{\partial x},\frac{\partial f}{\partial x},z_x\,\text{或}\,f_x(x,y).$$

同样地，也可以定义函数 $z=f(x,y)$ 对自变量 y 的**偏导函数**(也简称偏导数)，记为

$$\frac{\partial z}{\partial y},\frac{\partial f}{\partial y},z_y\,\text{或}\,f_y(x,y).$$

思考

仿照定义 2.2.1，你能否给出三元函数 $u=f(x,y,z)$ 在点 (x,y,z) 处的偏导数的定义呢?

从偏导数的定义可以看出，在求多元函数关于某个自变量的偏导数时，只需要把其余的自变量都看作常数，然后直接利用一元函数的求导公式及复合函数求导法则进行计算.

例 2.2.1 求函数 $f(x,y)=x^2+2xy-y^2$ 在点 $(1,3)$ 处对 x 和 y 的偏导函数.

解 把 y 看作常量，函数 $f(x,y)$ 对 x 求导数，得
$$f_x(x,y)=2x+2y.$$
把 x 看作常量，函数 $f(x,y)$ 对 y 求导，得
$$f_y(x,y)=2x-2y.$$
将点 $(1,3)$ 代入上述两式，得
$$f_x(1,3)=2\times1+2\times3=8, f_y(1,3)=2\times1-2\times3=-4.$$

例 2.2.2 求 $f(x,y)=\dfrac{1}{xy}$ 的偏导数.

解 把 y 看作常量，函数 $f(x,y)$ 对 x 求导数，得
$$f_x(x,y)=\frac{1}{y}\cdot\left(-\frac{1}{x^2}\right)=-\frac{1}{x^2y}.$$
把 x 看作常量，函数 $f(x,y)$ 对 y 求导，得
$$f_y(x,y)=\frac{1}{x}\cdot\left(-\frac{1}{y^2}\right)=-\frac{1}{xy^2}.$$

例 2.2.3 求 $z=\mathrm{e}^{x^2+y^2}$ 的偏导函数.

解 对 x 求导时，把 y 看作常量对 x 求导，得
$$\frac{\partial z}{\partial x}=\mathrm{e}^{x^2+y^2}\cdot(x^2+y^2)'_x=2x\mathrm{e}^{x^2+y^2}.$$
对 y 求导时，把 x 看作常量对 y 求导，得
$$\frac{\partial z}{\partial y}=\mathrm{e}^{x^2+y^2}\cdot(x^2+y^2)'_y=2y\mathrm{e}^{x^2+y^2}.$$

例 2.2.4 设 $f(xy,x-y)=x^2+y^2$，求 $f_x(x,y)+f_y(x,y)$.

解 先由给出的表达式 $f(xy,x-y)=x^2+y^2$ 求出 $f(x,y)$，然后再求两个偏导数之和. 因为
$$f(xy,x-y)=x^2+y^2=(x-y)^2+2xy,$$
令 $u=xy$，$v=x-y$，则 $f(u,v)=v^2+2u$，所以
$$f(x,y)=y^2+2x.$$
于是
$$f_x(x,y)=2, f_y(x,y)=2y,$$
所以
$$f_x(x,y)+f_y(x,y)=2+2y.$$

2. 偏导数的几何意义

二元函数 $z=f(x,y)$ 在点 (x_0,y_0) 处对 x 的偏导数 $f_x(x_0,y_0)$ 就是一元函数 $z=f(x,y_0)$ 在点 (x_0,y_0) 处的导数. 其几何意义是曲线的切线斜率. 我们知道, 二元函数 $z=f(x,y)$ 的图形表示空间一张曲面. 那么, 当 $y=y_0$ 时, 曲面 $z=f(x,y)$ 在平面 $y=y_0$ 的交线方程是

$$\begin{cases} z=f(x,y), \\ y=y_0. \end{cases}$$

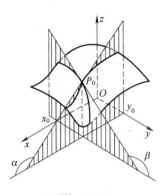

上式表示 $y=y_0$ 平面上的一条曲线 $z=f(x,y_0)$. 根据一元函数导数的几何意义可知: $f_x(x_0,y_0)$ 就是上述曲线在点 $P_0(x_0,y_0,f(x_0,y_0))$ 处的切线斜率(见图 2.2.1), 即 $f_x(x_0,y_0)=\tan\alpha$, 同理 $f_y(x_0,y_0)$ 是曲线

$$\begin{cases} z=f(x,y), \\ x=x_0 \end{cases}$$

图　2.2.1

在点 $P_0(x_0,y_0,f(x_0,y_0))$ 处的切线斜率, 即 $f_y(x_0,y_0)=\tan\beta$.

值得注意的是, 若一元函数在某点具有导数, 则在该点必定连续. 然而, 对于多元函数来说, 即使某点处的各偏导数都存在, 也不能保证函数在该点处连续. 这是因为各偏导数存在只能保证 (x,y) 沿坐标轴趋近 (x_0,y_0) 时, 函数值 $f(x,y)$ 趋近 $f(x_0,y_0)$, 但不能保证 (x,y) 以任何方式趋近 (x_0,y_0) 时, 函数值 $f(x,y)$ 都趋近 $f(x_0,y_0)$. 例如, 函数

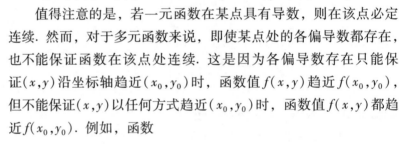

$$f(x,y)=\begin{cases} \dfrac{xy}{x^2+y^2}, & x^2+y^2\neq 0, \\ 0, & x^2+y^2=0 \end{cases}$$

在点 $(0,0)$ 对 x 以及对 y 的偏导数均为 0, 但在例 2.1.9 中我们已经得到该函数在点 $(0,0)$ 处并不连续.

同样地, 我们也可以举出函数在点 (x_0,y_0) 连续, 而在该点的偏导数不存在的例子. 例如, 二元函数 $f(x,y)=\sqrt{x^2+y^2}$ 在点 $(0,0)$ 处是连续的, 但在点 $(0,0)$ 的偏导数不存在. 事实上, $f(x,y)=\sqrt{x^2+y^2}$ 是初等函数, 点 $(0,0)$ 是其定义域内的一点, 故 $f(x,y)$ 在点 $(0,0)$ 是连续的. 我们再考察在点 $(0,0)$ 处对 x 的偏导数. 固定 $y=0$, 令 $x\to 0$, 此时 $f(x,0)=\sqrt{x^2+0}=|x|$, 已知函数 $|x|$ 在 $x=0$ 处是不可导的, 因此, $f(x,y)$ 在点 $(0,0)$ 处对 x 的偏导数不存在. 在该函数的表达式中, 自变量 x 和 y 的地位是对称的, 我们可以用相同的方式证明 $f(x,y)$ 在点 $(0,0)$ 处对 y 的偏导数也不存在.

以上两例说明，在点 (x_0, y_0) 处二元函数连续，不能推出该偏导数的存在性，反之，偏导数存在也不能保证函数在该点连续，所以二元函数的连续性与偏导数存在这二者之间没有因果关系.

2.2.2　高阶偏导数

思考

除了以上两个例子，你还能想出哪些例子来说明二元函数连续与偏导数存在之间没有必然联系？

函数 $z=f(x,y)$ 的两个偏导函数 $\dfrac{\partial z}{\partial x}=f_x(x,y)$ 和 $\dfrac{\partial z}{\partial y}=f_y(x,y)$，一般来说仍然是 x，y 的函数. 如果这两个函数关于自变量 x，y 的偏导数也存在，则将这些偏导数称为函数 $z=f(x,y)$ 的二阶偏导数. 例如，将函数 $\dfrac{\partial z}{\partial x}$ 再对 y 求偏导数，即 $\dfrac{\partial}{\partial y}\left(\dfrac{\partial z}{\partial x}\right)$ 是 $z=f(x,y)$ 的一个二阶偏导数，记为 $\dfrac{\partial^2 z}{\partial x \partial y}$.

按照对自变量求导的次序不同，共有四种二阶偏导数，分别采用以下记法：

$$\frac{\partial}{\partial x}\left(\frac{\partial z}{\partial x}\right)=\frac{\partial^2 z}{\partial x^2}=z_{xx}(x,y)=f_{xx}(x,y),$$

$$\frac{\partial}{\partial y}\left(\frac{\partial z}{\partial x}\right)=\frac{\partial^2 z}{\partial x \partial y}=z_{xy}(x,y)=f_{xy}(x,y),$$

$$\frac{\partial}{\partial x}\left(\frac{\partial z}{\partial y}\right)=\frac{\partial^2 z}{\partial y \partial x}=z_{yx}(x,y)=f_{yx}(x,y),$$

$$\frac{\partial}{\partial y}\left(\frac{\partial z}{\partial y}\right)=\frac{\partial^2 z}{\partial y^2}=z_{yy}(x,y)=f_{yy}(x,y).$$

类似地，我们也可以定义 n 元函数的二阶混合偏导数 $(n \geqslant 3)$.

思考：三元函数的二阶偏导数一共有几种？

其中 $f_{xy}(x,y)$ 及 $f_{yx}(x,y)$ 称为二阶混合偏导数.

同样地，可以定义三阶、四阶、…、n 阶偏导数(如果存在的话). 我们把二阶及二阶以上的偏导数称为**高阶偏导数**，而将 $f_x(x,y)$ 和 $f_y(x,y)$ 称为函数 $f(x,y)$ 的**一阶偏导数**.

例 2.2.5　设 $f(x,y,z)=xy^2+yz^2+zx^2$，试求 $f_{xx}(1,1,2)$，$f_{xyz}(1,1,1)$.

解　先求偏导数，得

$$f_x(x,y,z)=y^2+2xz, \qquad f_{xx}(x,y,z)=2z,$$

$$f_{xy}(x,y,z)=2y, \qquad f_{xyz}(x,y,z)=0.$$

再代入 (x,y,z) 的取值，计算得

$$f_{xx}(1,1,2)=4, \qquad f_{xyz}(1,1,1)=0.$$

例 2.2.6　设 $z=xe^x\sin y$，求 $\dfrac{\partial^2 z}{\partial x^2}$，$\dfrac{\partial^2 z}{\partial x \partial y}$，$\dfrac{\partial^2 z}{\partial y \partial x}$.

解 先求函数的一阶偏导数，得

$$\frac{\partial z}{\partial x}=e^x\sin y+xe^x\sin y=e^x(x+1)\sin y,\quad \frac{\partial z}{\partial y}=xe^x\cos y.$$

再分别求对应的二阶偏导数，有

$$\frac{\partial^2 z}{\partial x^2}=e^x(x+1)\sin y+e^x\sin y=e^x(x+2)\sin y,$$

$$\frac{\partial^2 z}{\partial x\partial y}=e^x(x+1)\cos y,$$

$$\frac{\partial^2 z}{\partial y\partial x}=e^x\cos y+xe^x\cos y=e^x(1+x)\cos y.$$

例 2.2.7   求函数 $z=x^3y-3x^2y^3$ 的二阶偏导数.

解 先求函数的一阶偏导数，得

$$\frac{\partial z}{\partial x}=3x^2y-6xy^3,$$

$$\frac{\partial z}{\partial y}=x^3-9x^2y^2,$$

对一阶偏导数再次求偏导数，有

$$\frac{\partial^2 z}{\partial x^2}=\frac{\partial}{\partial x}(3x^2y-6xy^3)=6xy-6y^3,$$

$$\frac{\partial^2 z}{\partial x\partial y}=\frac{\partial}{\partial y}(3x^2y-6xy^3)=3x^2-18xy^2,$$

$$\frac{\partial^2 z}{\partial y\partial x}=\frac{\partial}{\partial x}(x^3-9x^2y^2)=3x^2-18xy^2,$$

$$\frac{\partial^2 z}{\partial y^2}=\frac{\partial}{\partial y}(x^3-9x^2y^2)=-18x^2y.$$

这个定理也适用于三元及三元以上的函数.

在例 2.2.6 和例 2.2.7 中都有 $\dfrac{\partial^2 z}{\partial x\partial y}=\dfrac{\partial^2 z}{\partial y\partial x}$，即函数的二阶混合偏导数与求导的次序无关. 其实，这并不是偶然现象，而是函数满足一定条件时的必然结果，如下述定理.

定理 2.2.1   如果函数 $z=f(x,y)$ 的两个二阶混合偏导数 $\dfrac{\partial^2 z}{\partial x\partial y}$，

$\dfrac{\partial^2 z}{\partial y\partial x}$ 在区域 D 上连续，则在区域 D 上每点处都有

$$\frac{\partial^2 z}{\partial x\partial y}=\frac{\partial^2 z}{\partial y\partial x}.$$

即二阶混合偏导数在连续的条件下与求导次序无关.

习题 2.2

1. 求下列函数的偏导数：

（1）$z = x^2 y + y^2$；　　　　（2）$z = x^y \, (x > 0)$；

（3）$z = \ln(x + y)$；　　　　（4）$z = \dfrac{x+y}{x-y}$.

2. 设函数 $f(x, y) = \ln\left(x + \dfrac{y}{2x}\right)$，试用偏导数定义计算 $f_x(1, 0)$，$f_y(1, 0)$.

3. 设 $z = \ln(\sqrt{x} + \sqrt{y})$，求 $x\dfrac{\partial z}{\partial x} + y\dfrac{\partial z}{\partial y}$.

4. 设 $f(x, y) = \sqrt{y^2 - x^2}$，求 $f_x(x, 1)$.

5. 求下列函数的二阶偏导数：

（1）$z = \sin^2(x + 2y)$，求 $\dfrac{\partial^2 z}{\partial x^2}$；

（2）$z = x^{2y}$，求 $\dfrac{\partial^2 z}{\partial y^2}$；

（3）$z = \dfrac{1}{2}\ln(x^2 + y^2)$，求 $\dfrac{\partial^2 z}{\partial x \partial y}$；

（4）$z = e^x \cos y$，求 $\dfrac{\partial^2 z}{\partial y \partial x}$.

2.3 全微分

2.3.1 全微分的概念

上节讨论的偏导数，是函数在只有一个自变量变化时的瞬间变化率. 但在实际问题中，常常需要知道函数的全面变化情况，即当自变量 x，y 分别有微小的改变量 Δx，Δy 时，相应的函数改变量 Δz 与自变量的改变量 Δx，Δy 之间有什么样的依赖关系，全微分就是解决这类问题的有力工具.

例如，矩形面积 z 与其长 x 和宽 y 的关系为 $z = xy$，如果测量 x，y 时产生误差 Δx，Δy，由此计算面积得

$$z + \Delta z = (x + \Delta x)(y + \Delta y),$$

这里产生的误差为

$$\Delta z = (x + \Delta x)(y + \Delta y) - xy = y\Delta x + x\Delta y + \Delta x\Delta y,$$

当 Δx，Δy 很小时，常常略去 $\Delta x\Delta y$，就以 $y\Delta x + x\Delta y$ 近似表达 Δz. 而 $y\Delta x + x\Delta y$ 是 Δx，Δy 的线性函数，当 $\Delta x \to 0$，$\Delta y \to 0$ 或 $\rho = \sqrt{(\Delta x)^2 + (\Delta y)^2} \to 0$ 时，$\Delta z - (y\Delta x + x\Delta y) = \Delta x\Delta y$ 是比 ρ 更高阶的无穷小量，记为 $o(\rho)$. 因此 Δz 分解成关于 Δx，Δy 的线性部分（称为线性主部）和关于 Δx，Δy 的高阶无穷小部分. 我们称线性主部 $y\Delta x + x\Delta y$ 为函数 $z = xy$ 在点 (x, y) 的 **全微分**，记为

$$dz = y\Delta x + x\Delta y.$$

Δz 叫作函数 $z = xy$ 在点 (x, y) 对应于自变量 Δx，Δy 的 **全增量**.

定义 2.3.1　设有二元函数 $z=f(x,y)$ 在点 (x,y) 某邻域内有定义，如果函数在点 (x,y) 的全增量 $\Delta z=f(x+\Delta x,y+\Delta y)-f(x,y)$ 可以表示为关于 Δx，Δy 的线性函数与一个比 $\rho=\sqrt{(\Delta x)^2+(\Delta y)^2}\to 0$ 更高阶的无穷小 $o(\rho)$ 之和，即

$$\Delta z=f(x+\Delta x,y+\Delta y)-f(x,y)=A\Delta x+B\Delta y+o(\rho),\rho\to 0.$$

$$(2.3.1)$$

其中 A，B 与 Δx，Δy 无关，则称二元函数 $z=f(x,y)$ 在点 (x,y) 处**可微**，并称线性部分 $A\Delta x+B\Delta y$ 是 $z=f(x,y)$ 在点 (x,y) 处的**全微分**，记作

$$dz=A\Delta x+B\Delta y.$$

如果函数 $z=f(x,y)$ 在区域 D 内每一点都可微，则称 $z=f(x,y)$ 在区域 D 内可微.

我们知道，一元函数如果是可微的就一定能够推出它是连续的. 这对于二元函数是否也成立呢？我们来看下面这个定理.

定理 2.3.1　若 $z=f(x,y)$ 在点 (x_0,y_0) 可微，则它在点 (x_0,y_0) 一定连续.

思考

　　如果二元函数在点 (x_0,y_0) 处可微，如何求 A、B 呢？

证　因为 $z=f(x,y)$ 在点 (x_0,y_0) 可微，所以有
$$\Delta z=A\Delta x+B\Delta y+o(\rho),\rho\to 0.$$
当 $\Delta x\to 0$，$\Delta y\to 0$ 时，有 $\rho\to 0$，于是 $o(\rho)\to 0$. 因此，
$$\lim_{\substack{\Delta x\to 0 \\ \Delta y\to 0}}\Delta z=0.$$
根据函数连续的定义，$z=f(x,y)$ 在点 (x_0,y_0) 连续.

定理 2.3.2（可微的必要条件）　如果函数 $z=f(x,y)$ 在点 (x_0,y_0) 处可微，则函数 $z=f(x,y)$ 在点 (x_0,y_0) 的两个偏导数存在，而且

$$A=f_x(x_0,y_0),B=f_y(x_0,y_0).$$

证　因为 $z=f(x,y)$ 在点 (x_0,y_0) 处可微，有
$$\Delta z=f(x_0+\Delta x,y_0+\Delta y)-f(x_0,y_0)=A\Delta x+B\Delta y+o(\rho).$$
若令上式中的 $\Delta y=0$，则
$$\Delta z=f(x_0+\Delta x,y_0)-f(x_0,y_0)=A\Delta x+o(|\Delta x|).$$
所以
$$f_x(x_0,y_0)=\lim_{\Delta x\to 0}\frac{f(x_0+\Delta x,y_0)-f(x_0,y_0)}{\Delta x}=\lim_{\Delta x\to 0}\frac{A\Delta x+o(|\Delta x|)}{\Delta x}=A.$$

即 $A=f_x(x_0,y_0)$，类似地可以证明 $B=f_y(x_0,y_0)$.

　　由此可知，当 $z=f(x,y)$ 在点 (x_0,y_0) 处可微时，必有

$$dz=f_x(x_0,y_0)\Delta x+f_y(x_0,y_0)\Delta y.$$

与一元函数一样，规定 $\Delta x=dx$，$\Delta y=dy$，则

$$dz=f_x(x_0,y_0)dx+f_y(x_0,y_0)dy. \qquad (2.3.2)$$

　　对于一元函数来说，可微与可导是等价的. 但在多元函数中，这个结论并不成立. 例如，函数

$$f(x,y)=\begin{cases} \dfrac{xy}{x^2+y^2}, & x^2+y^2\neq 0, \\ 0, & x^2+y^2=0 \end{cases}$$

在点 $(0,0)$ 处的两个偏导数存在，但是 $f(x,y)$ 在点 $(0,0)$ 处不连续，由定理 2.3.1 可知 $f(x,y)$ 在点 $(0,0)$ 处不可微，因此偏导数存在只是函数 $f(x,y)$ 在点 $(0,0)$ 处可微的必要条件. 那么在什么条件下，二元函数一定是可微的呢？ 下面这个定理给出了可微的充分条件.

定理 2.3.3（可微的充分条件）　若 $z=f(x,y)$ 的偏导数 $f_x(x,y)$ $f_y(x,y)$ 在点 (x_0,y_0) 处连续，则函数在该点一定可微.

　　以上关于二元函数全微分的概念和结论也可以推广到三元及三元以上的函数. 例如，若三元函数 $u=f(x,y,z)$ 具有连续偏导数，则其全微分的表达式为

$$du=\frac{\partial u}{\partial x}dx+\frac{\partial u}{\partial y}dy+\frac{\partial u}{\partial z}dz. \qquad (2.3.3)$$

例 2.3.1　求函数 $z=xy$ 在点 $(2,3)$ 处，当 $\Delta x=0.1$，$\Delta y=0.2$ 时的全增量与全微分.

　　解　由定义知，全增量

$$\begin{aligned} \Delta z &= (x+\Delta x)(y+\Delta y)-xy \\ &= (2+0.1)(3+0.2)-2\times 3 \\ &= 0.72. \end{aligned}$$

函数 $z=xy$ 的两个偏导数

$$\frac{\partial z}{\partial x}=y, \frac{\partial z}{\partial y}=x$$

都是连续的，所以全微分是存在的，于是所求在点 $(2,3)$ 处的全微分为

$$\begin{aligned} dz &= \frac{\partial z}{\partial x}\Delta x+\frac{\partial z}{\partial y}\Delta y \\ &= 3\times 0.1+2\times 0.2 \\ &= 0.7. \end{aligned}$$

探究

例 2.3.2 还有其他解法吗?

例 2.3.2 求 $z = e^{xy}$ 在点 $(1,2)$ 处的全微分.

解 因为函数的一阶偏导数

$$f_x(x,y) = ye^{xy}, f_y(x,y) = xe^{xy}$$

是连续函数, 且

$$f_x(1,2) = 1 \times e^{2 \times 1} = e^2,$$
$$f_y(2,1) = 2 \times e^{2 \times 1} = 2e^2.$$

所以在点 $(1,2)$ 处的全微分为

$$dz = e^2 dx + 2e^2 dy.$$

例 2.3.3 求函数 $z = x^3 y - 3x^2 y^3$ 的全微分 dz.

解 因为函数的一阶偏导数

$$\frac{\partial z}{\partial x} = 3x^2 y - 6xy^3,$$

$$\frac{\partial z}{\partial y} = x^3 - 9x^2 y^2$$

在 xOy 平面上处处连续, 所以在点 (x,y) 处的全微分为

$$dz = \frac{\partial z}{\partial x} dx + \frac{\partial z}{\partial y} dy = (3x^2 y - 6xy^3) dx + (x^3 - 9x^2 y^2) dy.$$

例 2.3.4 求函数 $u = x + \sin \dfrac{y}{2} + e^{yz}$ 的全微分.

解 因为函数 u 的偏导数

$$\frac{\partial u}{\partial x} = 1, \frac{\partial u}{\partial y} = \frac{1}{2} \cos \frac{y}{2} + ze^{yz}, \frac{\partial u}{\partial z} = ye^{yz}$$

是连续的, 所以

$$du = \frac{\partial u}{\partial x} dx + \frac{\partial u}{\partial y} dy + \frac{\partial u}{\partial z} dz$$

$$= dx + \left(\frac{1}{2} \cos \frac{y}{2} + ze^{yz} \right) dy + ye^{yz} dz.$$

2.3.2 全微分在近似计算中的应用

设函数 $z = f(x,y)$ 在点 (x,y) 处可微, 则函数的全增量与全微分之差是 ρ 的无穷小, 因此当 $|\Delta x|$, $|\Delta y|$ 都较小时, 可以用全微分近似代替全增量, 即

$$\Delta z \approx dz = f_x(x,y) \Delta x + f_y(x,y) \Delta y.$$

由全增量的定义 $\Delta z = f(x+\Delta x, y+\Delta y) - f(x,y)$,

所以有

$$f(x+\Delta x, y+\Delta y) \approx f(x,y) + f_x(x,y) \Delta x + f_y(x,y) \Delta y. \quad (2.3.4)$$

例 2.3.5　利用全微分近似计算 $(1.03)^{2.02}$ 的值.

解　设函数
$$z=f(x,y)=x^y,$$
则要计算的数值就是 $f(1.03,2.02)$，由于
$$f(1.03,2.02)=f(1+0.03,2+0.02),$$
取 $x=1$，$\Delta x=0.03$，$y=2$，$\Delta y=0.02$，则由公式
$$f(x+\Delta x,y+\Delta y)\approx f(x,y)+f_x(x,y)\Delta x+f_y(x,y)\Delta y$$
得
$$\begin{aligned}(1.03)^{2.02}&=f(1+0.03,2+0.02)\\&\approx f(1,2)+f_x(1,2)\times0.03+f_y(1,2)\times0.02.\end{aligned}$$
又因为
$$f_x(x,y)=yx^{y-1},$$
$$f_y(x,y)=x^y\ln x,$$
所以
$$(1.03)^{2.02}\approx1^2+2\times0.03+0\times0.02=1.06.$$

习题 2.3

1. 求下列函数的全微分：

(1) $z=x^2y$；

(2) $z=4-\dfrac{1}{4}(x^2+y^2)$；

(3) $z=2xe^{-y}$；

(4) $z=xy+\dfrac{x}{y}(y\neq0)$.

2. 求函数 $z=2x+3y^2$，当 $x=10$，$y=8$，$\Delta x=0.2$，$\Delta y=0.3$ 时的全增量和全微分.

3. 求函数 $z=e^{\frac{y}{x}}$，当 $x=1$，$y=-2$，$\Delta x=0.01$，$\Delta y=0.05$ 时的全微分.

4. 利用全微分计算 $(0.67)^{1.06}$ 的近似值.

2.4　多元复合函数微分法

2.4.1　复合函数的偏导数

一元函数微分法里，我们曾讨论过复合函数的微分法，若有复合函数 $y=f(u)$，$u=\varphi(x)$，则其导数为 $\dfrac{\mathrm{d}y}{\mathrm{d}x}=\dfrac{\mathrm{d}y}{\mathrm{d}u}\cdot\dfrac{\mathrm{d}u}{\mathrm{d}x}$. 在多元函数微分法中这一公式仍然起着关键作用，我们将对此公式进行推广.

1. 一元函数与多元函数复合的情形

定理 2.4.1　若一元函数 $u=\varphi(x)$ 及 $v=\psi(x)$ 在点 x 可导，二元函数 $z=f(u,v)$ 在对应的点 (u,v) 可微，则复合函数 $z=f(\varphi(x),\psi(x))$ 在点 x 可导，且

$$\frac{\mathrm{d}z}{\mathrm{d}x}=\frac{\partial z}{\partial u}\cdot\frac{\mathrm{d}u}{\mathrm{d}x}+\frac{\partial z}{\partial v}\cdot\frac{\mathrm{d}v}{\mathrm{d}x}. \tag{2.4.1}$$

特别地，若 $u=\varphi(x)=x$，则 $z=f(u,v)=f(x,\psi(x))$，于是

$$\frac{\mathrm{d}z}{\mathrm{d}x}=\frac{\partial z}{\partial u}+\frac{\partial z}{\partial v}\cdot\frac{\mathrm{d}v}{\mathrm{d}x}. \tag{2.4.2}$$

链式关系图直观易懂，初学时，在解答问题的过程中，可以先在验算纸上画出链式关系图，再依据变量之间的关系进行微分求解。

这里公式(2.4.1)也称为**链式法则**，导数 $\dfrac{\mathrm{d}z}{\mathrm{d}x}$ 称为全导数。

为便于记忆链式法则，可以按照变量间复合关系，画出链式关系，如图 2.4.1 所示。

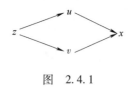

图　2.4.1

例 2.4.1　设 $z=\mathrm{e}^{u-2v}$，$u=\sin x$，$v=\mathrm{e}^{x}$ 求 $\dfrac{\mathrm{d}z}{\mathrm{d}x}$。

解　先求各函数关于各自变量的偏导数及导数：

$$\frac{\partial z}{\partial u}=\mathrm{e}^{u-2v},\qquad \frac{\partial z}{\partial v}=-2\mathrm{e}^{u-2v},$$

$$\frac{\mathrm{d}u}{\mathrm{d}x}=\cos x,\qquad \frac{\mathrm{d}v}{\mathrm{d}x}=\mathrm{e}^{x},$$

代入公式(2.4.1)得

$$\begin{aligned}
\frac{\mathrm{d}z}{\mathrm{d}x}&=\frac{\partial z}{\partial u}\cdot\frac{\mathrm{d}u}{\mathrm{d}x}+\frac{\partial z}{\partial u}\cdot\frac{\mathrm{d}u}{\mathrm{d}y}\\
&=\mathrm{e}^{u-2v}\cos x-2\mathrm{e}^{u-2v}\cdot\mathrm{e}^{x}\\
&=\mathrm{e}^{u-2v}(\cos x-2\mathrm{e}^{x})\\
&=\mathrm{e}^{\sin x-2\mathrm{e}^{x}}(\cos x-2\mathrm{e}^{x}).
\end{aligned}$$

定理 2.4.1 可推广到中间变量多于两个的情形，例如函数

$$u=\varphi(x),v=\psi(x),w=\omega(x),z=f(u,v,w)$$

都是可微函数，则复合函数 $z=f(\varphi(x),\psi(x),\omega(x))$ 可导，且

$$\frac{\mathrm{d}z}{\mathrm{d}x}=\frac{\partial z}{\partial u}\frac{\mathrm{d}u}{\mathrm{d}x}+\frac{\partial z}{\partial v}\frac{\mathrm{d}v}{\mathrm{d}x}+\frac{\partial z}{\partial w}\frac{\mathrm{d}w}{\mathrm{d}x}. \tag{2.4.3}$$

例 2.4.2　设 $u=x\mathrm{e}^{2y-3z}$，其中 $x=\sin t$，$y=t^{3}$，$z=t$，求 $\dfrac{\mathrm{d}u}{\mathrm{d}t}$。

解　这里有三个变量 x，y，z，则

$$\frac{\partial u}{\partial x}=e^{2y-3z},\frac{\partial u}{\partial y}=2xe^{2y-3z},\frac{\partial u}{\partial z}=-3xe^{2y-3z},$$

$$\frac{\mathrm{d}x}{\mathrm{d}t}=\cos t,\frac{\mathrm{d}y}{\mathrm{d}t}=3t^2,\frac{\mathrm{d}z}{\mathrm{d}t}=1,$$

所以由公式(2.4.3)得

$$\frac{\mathrm{d}u}{\mathrm{d}t}=\frac{\partial u}{\partial x}\cdot\frac{\mathrm{d}x}{\mathrm{d}t}+\frac{\partial u}{\partial y}\cdot\frac{\mathrm{d}y}{\mathrm{d}t}+\frac{\partial u}{\partial z}\cdot\frac{\mathrm{d}z}{\mathrm{d}t}$$

$$=e^{2y-3z}\cdot\cos t+2xe^{2y-3z}\cdot3t^2+(-3xe^{2y-3z})\cdot1$$

$$=e^{2t^3-3t}(\cos t+6t^2\sin t-3\sin t).$$

2. 多元函数与多元函数复合的情形

> **定理 2.4.2**　若二元函数 $u=\varphi(x,y)$ 及 $v=\psi(x,y)$ 在点 (x,y) 对 x 及 y 的偏导数存在，函数 $z=f(u,v)$ 在对应的点 (u,v) 可微，则复合函数 $z=f(\varphi(x,y),\psi(x,y))$ 在点 (x,y) 处的偏导数均存在，且
>
> $$\frac{\partial z}{\partial x}=\frac{\partial z}{\partial u}\cdot\frac{\partial u}{\partial x}+\frac{\partial z}{\partial v}\cdot\frac{\partial v}{\partial x},\quad\frac{\partial z}{\partial y}=\frac{\partial z}{\partial u}\cdot\frac{\partial u}{\partial y}+\frac{\partial z}{\partial v}\cdot\frac{\partial v}{\partial y}. \qquad (2.4.4)$$

事实上，这里求 $\dfrac{\partial z}{\partial x}$ 时，我们将 y 看作常量，因此 $u=\varphi(x,y)$ 与 $v=\psi(x,y)$ 仍可看作一元函数，再应用定理 2.4.1 得到. 但由于 z,u,v 都是多元函数，因此将求导符号改为偏导数符号. 同理，将 x 看作常量，$u=\varphi(x,y)$ 与 $v=\psi(x,y)$ 看作一元函数，应用定理 2.4.1 可得 $\dfrac{\partial z}{\partial y}$ 的求导公式. 这里公式(2.4.4)也称为**链式法则**，链式关系如图 2.4.2 所示.

思考

图 2.4.2 所示的链式关系图还能进行推广吗？

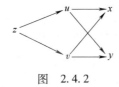

图　2.4.2

例 2.4.3　设 $z=e^u\sin v$，$u=xy$，$v=x+y$，求 $\dfrac{\partial z}{\partial x},\dfrac{\partial z}{\partial y}$.

解　先将 y 看作常量，则有

$$\frac{\partial z}{\partial x}=\frac{\partial z}{\partial u}\cdot\frac{\partial u}{\partial x}+\frac{\partial z}{\partial v}\cdot\frac{\partial v}{\partial x}$$

$$=e^u\sin v\cdot y+e^u\cos v\cdot1$$

$$=e^{xy}[y\sin(x+y)+\cos(x+y)].$$

同理，将 x 看作常量

$$\frac{\partial z}{\partial y}=\frac{\partial z}{\partial u}\cdot\frac{\partial u}{\partial y}+\frac{\partial z}{\partial v}\cdot\frac{\partial v}{\partial y}$$

$$=e^u\sin v\cdot x+e^u\cos v\cdot 1$$

$$=e^{xy}[\,x\sin(x+y)+\cos(x+y)\,].$$

例 2.4.4 设 $z=f(x^2-y^2,xy)$，其中 f 为可微函数，求 $\dfrac{\partial z}{\partial x}$，$\dfrac{\partial z}{\partial y}$.

解 令 $u=x^2-y^2$，$v=xy$，于是 $z=f(u,v)$，因此

$$\frac{\partial z}{\partial x}=\frac{\partial f}{\partial u}\cdot\frac{\partial u}{\partial x}+\frac{\partial f}{\partial v}\cdot\frac{\partial v}{\partial x}$$

$$=2x\frac{\partial f}{\partial u}+y\frac{\partial f}{\partial v}.$$

$$\frac{\partial z}{\partial y}=\frac{\partial f}{\partial u}\frac{\partial u}{\partial y}+\frac{\partial f}{\partial v}\frac{\partial v}{\partial y}$$

$$=-2y\frac{\partial f}{\partial u}+x\frac{\partial f}{\partial v}.$$

这里 $\dfrac{\partial f}{\partial u}$，$\dfrac{\partial f}{\partial v}$ 不能再具体计算了，这是因为外层函数 f 是抽象的函数记号，没有具体给出函数表达式.

定理 2.4.2 也可推广到中间变量或最终变量多于两个的情形. 例如，函数 $u=\varphi(x,y)$，$v=\psi(x,y)$，$w=\omega(x,y)$ 的偏导数存在，函数 $z=f(u,v,w)$ 可微，则复合函数 $z=f(\varphi(x,y),\psi(x,y),\omega(x,y))$ 的偏导数存在(链式关系见图 2.4.3)，且有

$$\begin{cases}\dfrac{\partial z}{\partial x}=\dfrac{\partial z}{\partial u}\cdot\dfrac{\partial u}{\partial x}+\dfrac{\partial z}{\partial v}\cdot\dfrac{\partial v}{\partial x}+\dfrac{\partial z}{\partial w}\cdot\dfrac{\partial w}{\partial x},\\[2mm]\dfrac{\partial z}{\partial y}=\dfrac{\partial z}{\partial u}\cdot\dfrac{\partial u}{\partial y}+\dfrac{\partial z}{\partial v}\cdot\dfrac{\partial v}{\partial y}+\dfrac{\partial z}{\partial w}\cdot\dfrac{\partial w}{\partial y}.\end{cases}\qquad(2.4.5)$$

又如，$u=\varphi(x,y,t)$ 及 $v=\psi(x,y,t)$ 的偏导数存在，$z=f(u,v)$ 可微，则复合函数 $z=f(\varphi(x,y,t),\psi(x,y,t))$ 的偏导数存在(链式关系见图 2.4.4)，且有

$$\begin{cases}\dfrac{\partial z}{\partial x}=\dfrac{\partial z}{\partial u}\dfrac{\partial u}{\partial x}+\dfrac{\partial z}{\partial v}\dfrac{\partial v}{\partial x},\\[2mm]\dfrac{\partial z}{\partial y}=\dfrac{\partial z}{\partial u}\dfrac{\partial u}{\partial y}+\dfrac{\partial z}{\partial v}\dfrac{\partial v}{\partial y},\\[2mm]\dfrac{\partial z}{\partial t}=\dfrac{\partial z}{\partial u}\dfrac{\partial u}{\partial t}+\dfrac{\partial z}{\partial v}\dfrac{\partial v}{\partial t}.\end{cases}\qquad(2.4.6)$$

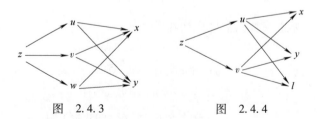

图 2.4.3   图 2.4.4

例 2.4.5　设 $z=f(x^2,xy,\mathrm{e}^{x+y})$，求 $\dfrac{\partial z}{\partial x}$ 与 $\dfrac{\partial z}{\partial y}$.

解　令 $u=x^2$，$v=xy$，$w=\mathrm{e}^{x+y}$，于是 $z=f(u,v,w)$. 将 y 看作常量，可求得

$$\frac{\partial z}{\partial x}=\frac{\partial z}{\partial u}\cdot\frac{\partial u}{\partial x}+\frac{\partial z}{\partial v}\cdot\frac{\partial v}{\partial x}+\frac{\partial z}{\partial w}\cdot\frac{\partial w}{\partial x}$$

$$=2x\frac{\partial z}{\partial u}+y\frac{\partial z}{\partial v}+\mathrm{e}^{x+y}\frac{\partial z}{\partial w}.$$

同理，将 x 看作常量，可求得

$$\frac{\partial z}{\partial y}=\frac{\partial z}{\partial v}\cdot\frac{\partial v}{\partial y}+\frac{\partial z}{\partial w}\cdot\frac{\partial w}{\partial y}$$

$$=x\frac{\partial z}{\partial v}+\mathrm{e}^{x+y}\frac{\partial z}{\partial w}.$$

多元函数的复合情况还有很多，远不止前面列举的这些. 例如，中间变量既有一元函数又有多元函数的情况，讨论的方法和结果类似.

例 2.4.6　设 $z=x^y$，其中 $x=\mathrm{e}^{2t}$，$y=\ln t$，求 $\dfrac{\mathrm{d}z}{\mathrm{d}t}$.

解　我们先把 z 看作是两个变量 x，y 的函数，而这两个中间变量 x，y 又都是自变量 t 的函数：

$$x=\mathrm{e}^{2t},y=\ln t.$$

所以

$$\frac{\mathrm{d}z}{\mathrm{d}t}=\frac{\partial z}{\partial x}\cdot\frac{\mathrm{d}x}{\mathrm{d}t}+\frac{\partial z}{\partial y}\cdot\frac{\mathrm{d}y}{\mathrm{d}t}=yx^{y-1}\cdot2\mathrm{e}^{2t}+x^y\ln x\cdot\frac{1}{t}$$

$$=2yx^y+2x^y=2x^y(y+1)=2t^{2t}(\ln t+1).$$

2.4.2　复合函数的全微分

设函数 $z=f(u,v)$ 可微，则有全微分

$$\mathrm{d}z=\frac{\partial z}{\partial u}\mathrm{d}u+\frac{\partial z}{\partial v}\mathrm{d}v.$$

如果 u、v 又是中间变量，即 $u=\varphi(x,y)$，$v=\psi(x,y)$，且这两个函数也可微，则复合函数

$$z=f(\varphi(x,y),\psi(x,y))$$

的全微分为

$$\mathrm{d}z=\frac{\partial z}{\partial x}\mathrm{d}x+\frac{\partial z}{\partial y}\mathrm{d}y,$$

其中 $\dfrac{\partial z}{\partial x}$ 及 $\dfrac{\partial z}{\partial y}$ 由公式 (2.4.4) 给出，把公式代入上式，可得

$$\mathrm{d}z=\left(\frac{\partial z}{\partial u}\cdot\frac{\partial u}{\partial x}+\frac{\partial z}{\partial v}\cdot\frac{\partial v}{\partial x}\right)\mathrm{d}x+\left(\frac{\partial z}{\partial u}\cdot\frac{\partial u}{\partial y}+\frac{\partial z}{\partial v}\cdot\frac{\partial v}{\partial y}\right)\mathrm{d}y$$

$$= \frac{\partial z}{\partial u} \left(\frac{\partial u}{\partial x} dx + \frac{\partial u}{\partial y} dy \right) + \frac{\partial z}{\partial v} \left(\frac{\partial v}{\partial x} dx + \frac{\partial v}{\partial y} dy \right)$$

$$= \frac{\partial z}{\partial u} du + \frac{\partial z}{\partial v} dv. \tag{2.4.7}$$

由此可见,无论 u、v 是自变量还是中间变量,函数 $z=f(u,v)$ 的全微分形式是一样的. 这个性质叫作全微分形式不变性.

例 2.4.7 求 $u = \dfrac{x}{x^2+y^2+z^2}$ 的偏导数及全微分.

解 先求 u 的三个偏导数,即

$$\frac{\partial u}{\partial x} = \frac{y^2+z^2-x^2}{(x^2+y^2+z^2)^2},$$

$$\frac{\partial u}{\partial y} = \frac{-2xy}{(x^2+y^2+z^2)^2},$$

$$\frac{\partial u}{\partial z} = \frac{-2xz}{(x^2+y^2+z^2)^2},$$

再由公式(2.4.7)可得

$$du = \frac{\partial u}{\partial x} dx + \frac{\partial u}{\partial y} dy + \frac{\partial u}{\partial z} dz$$

$$= \frac{(y^2+z^2-x^2) dx - 2xy dy - 2xz dz}{(x^2+y^2+z^2)^2}.$$

习题 2.4

1. 设 $z = \dfrac{u}{v}$, $u = \ln x$, $v = e^x$, 求 $\dfrac{dz}{dx}$.

2. 设 $z = x \cdot 2^y$, $y = \ln x$, 求 $\dfrac{dz}{dx}$.

3. 设 $z = x^2 \ln y$, $x = \dfrac{u}{v}$, $y = 3u - 2v$, 求 $\dfrac{\partial z}{\partial u}$, $\dfrac{\partial z}{\partial v}$.

4. 设 $z = e^u \cos v$, $u = xy$, $v = 2x - y$, 求 $\dfrac{\partial z}{\partial x}$, $\dfrac{\partial z}{\partial y}$.

5. 求下列函数的一阶偏导数(其中 f 具有一阶连续偏导数):

(1) $z = f(x^2+y^2)$;   (2) $u = f\left(\dfrac{x}{y}, \dfrac{y}{z} \right)$;

(3) $z = f\left(\dfrac{y}{x}, x+2y, y\sin x \right)$; (4) $z = xyf(x+y, x-y)$.

6. 设 $z = xe^{-xy} + \sin(xy)$, 求 dz.

2.5 隐函数的微分法

在一些实际问题中,有些函数不直接表示为 $y=f(x)$,$z=g(x,y)$,$u=h(x,y,z)$ 等明显的式子,而是由一个方程,例如 $F(x,y)=0$, $G(x,y,z)=0$, $H(x,y,z,u)=0$, 或方程组 $\begin{cases} F(x,y,z)=0, \\ G(x,y,z)=0 \end{cases}$ 等来确定某个变量或某些变量为其余一些变量的函数. 现在我们来介绍如何

去求这种隐函数的导数. 隐函数的微分法可以看作是复合函数微分法的应用.

2.5.1　一元隐函数的求导公式

在一元函数中, 曾论述过隐函数的求导方法, 但未能给出一般的求导公式. 现在根据多元复合函数的求导方法, 可以给出隐函数的一般求导公式.

设方程 $F(x,y)=0$ 能够唯一确定一个连续且具有连续导数的函数 $y=y(x)$, 将其代入方程得到恒等式

$$F(x,y(x))\equiv 0,$$

在方程两端对 x 求导, 利用多元复合函数的链式法则, 可得

$$F_x+F_y\cdot\frac{\mathrm{d}y}{\mathrm{d}x}\equiv 0,$$

若 $F_y\neq 0$, 则

$$\frac{\mathrm{d}y}{\mathrm{d}x}=-\frac{F_x}{F_y}. \tag{2.5.1}$$

这就是一元隐函数的求导公式.

例 2.5.1　设 $x=y-\dfrac{1}{2}\sin y$, 求 $\dfrac{\mathrm{d}y}{\mathrm{d}x}$.

解　令 $F(x,y)=x-y+\dfrac{1}{2}\sin y$, 则

$$F_x=1,\ F_y=-1+\frac{1}{2}\cos y,$$

由式(2.5.1)得

$$\frac{\mathrm{d}y}{\mathrm{d}x}=-\frac{F_x}{F_y}=-\frac{1}{-1+\dfrac{1}{2}\cos y}=\frac{2}{2-\cos y}.$$

探究

你能根据一元隐函数求导公式推导过程想到此例的另一种解法吗?

2.5.2　二元隐函数的求偏导数公式

如果因变量 z 和自变量 x, y 之间的函数关系是由三元方程 $F(x,y,z)=0$ 所确定的, 那么这种函数叫作二元隐函数.

设三元方程 $F(x,y,z)=0$ 确定了隐函数 $z=z(x,y)$, 若 F_x, F_y, F_z 连续, 且 $F_z\neq 0$, 则可以仿照一元隐函数的求导法则, 得到 z 分别关于 x, y 的偏导数的求导公式.

将 $z=z(x,y)$ 代入方程 $F(x,y,z)=0$, 得恒等式

$$F(x,y,z(x,y))\equiv 0,$$

在恒等式两端分别对 x 和 y 求导, 得

思考

根据二元隐函数求导公式，你能推导出三元隐函数求导公式吗？多元隐函数求导公式呢？

$$F_x + F_z \cdot \frac{\partial z}{\partial x} = 0, \quad F_y + F_z \cdot \frac{\partial z}{\partial y} = 0.$$

因为 $F_z \neq 0$，所以

$$\frac{\partial z}{\partial x} = -\frac{F_x}{F_z}, \quad \frac{\partial z}{\partial y} = -\frac{F_y}{F_z}. \tag{2.5.2}$$

这就是二元隐函数求偏导数的公式.

例 2.5.2 设 $\dfrac{x}{z} = \ln \dfrac{z}{y}$，求 $\dfrac{\partial z}{\partial x}$，$\dfrac{\partial z}{\partial y}$.

解 令 $\quad F(x,y,z) = \dfrac{x}{z} - \ln \dfrac{z}{y} = \dfrac{x}{z} - \ln z + \ln y$.

先求函数 $F(x,y,z)$ 的各偏导数，得

$$F_x = \frac{1}{z}, F_y = \frac{1}{y}, F_z = -\frac{x+z}{z^2}.$$

当 $F_z \neq 0$，由式 (2.5.2) 得

$$\frac{\partial z}{\partial x} = -\frac{F_x}{F_z} = \frac{z}{x+z}, \frac{\partial z}{\partial y} = -\frac{F_y}{F_z} = \frac{z^2}{(x+z)y}.$$

例 2.5.3 设函数 $z = z(x,y)$ 由方程 $x^2 + y^2 + z^2 = 2x$ 确定，求 $\dfrac{\partial z}{\partial x}$，$\dfrac{\partial z}{\partial y}$.

解 将方程写成 $x^2 + y^2 + z^2 - 2x = 0$，令

$$F(x,y,z) = x^2 + y^2 + z^2 - 2x,$$

对 $F(x,y,z)$ 求偏导数，得

$$F_x = 2x - 2, F_y = 2y, F_z = 2z,$$

若 $F_z = 2z \neq 0$，即 $z \neq 0$，则由公式 (2.5.2) 可得方程 $F(x,y,z) = 0$ 确定的函数 $z = z(x,y)$ 的偏导数为

$$\frac{\partial z}{\partial x} = -\frac{F_x}{F_z} = \frac{1-x}{z}, \frac{\partial z}{\partial y} = -\frac{F_y}{F_z} = -\frac{y}{z}.$$

例 2.5.4 求由方程 $x^2 + z^2 = 2ye^z$ 所确定的隐函数 $z = z(x,y)$ 的全微分 $\mathrm{d}z$.

解 要求全微分，首先需要求出隐函数 $z = z(x,y)$ 的偏导数 $\dfrac{\partial z}{\partial x}$，$\dfrac{\partial z}{\partial y}$.

令 $F(x,y,z) = x^2 + z^2 - 2ye^z$，对 $F(x,y,z)$ 求偏导数，得

$$F_x = 2x, F_y = -2e^z, F_z = 2z - 2ye^z,$$

于是

$$\frac{\partial z}{\partial x} = -\frac{F_x}{F_z} = \frac{x}{ye^z - z},$$

$$\frac{\partial z}{\partial y} = -\frac{F_y}{F_z} = \frac{e^z}{z - y e^z}.$$

因此有

$$dz = \frac{x}{y e^z - z} dx + \frac{e^z}{z - y e^z} dy.$$

对于二元以上的隐函数，其偏导数的公式可以类似地推导出来．由方程

$$F(x_1, x_2, \cdots, x_n, y) = 0$$

所确定的因变量 y 是 n 个自变量 x_1，x_2，$\cdots$，x_n 的隐函数，若 $F_{x_i}(i = 1, 2, \cdots, n)$，$F_y$ 连续，当 $\dfrac{\partial F}{\partial y} \neq 0$，其偏导数公式为

$$\frac{\partial y}{\partial x_i} = -\frac{F_{x_i}}{F_y} (i = 1, 2, \cdots, n).$$

习题 2.5

求下列隐函数的导数或全微分：

1. 设 $xy - \ln y = 1$，求 $\dfrac{dy}{dx}$．

2. 设 $x^3 + x^2 y - 10 y^4 = 0$，求 $\dfrac{dy}{dx}$．

3. 设 $\sin y + e^x - x y^2 = 0$，求 $\dfrac{dy}{dx}$．

4. 设 $x^2 - 2y^2 + z^2 - 4x - 2z - 5 = 0$，求 $\dfrac{\partial z}{\partial x}$，$\dfrac{\partial z}{\partial y}$．

5. 设 $\dfrac{x^2}{2^2} + \dfrac{y^2}{3^2} + \dfrac{z^2}{4^2} = 1$，求 $\dfrac{\partial z}{\partial x}$，$\dfrac{\partial z}{\partial y}$．

6. 设 $z = z(x, y)$ 由方程 $\cos^2 x + \cos^2 y + \cos^2 z = 1$ 确定，试求 dz．

7. 设 $z = z(x, y)$ 由 $e^z = xyz$ 所确定，求 dz．

2.6　多元函数的极值与最值

在解决最优策略、最优设计等现实问题中，我们经常会遇到求多元函数的最大值、最小值的问题．与一元函数类似，讨论多元函数的最大值和最小值问题时，首先要讨论多元函数的极值问题．为此，我们首先介绍多元函数的极值及其判别法，然后介绍怎样求多元函数的最大值和最小值．

2.6.1　多元函数的极值

定义 2.6.1　设函数 $z = f(x, y)$ 在点 (x_0, y_0) 的某邻域内有定义，如果对于该邻域内异于 (x_0, y_0) 的点 (x, y) 都有

$$f(x, y) < f(x_0, y_0) \quad (\text{或} f(x, y) > f(x_0, y_0)),$$

则称 $f(x_0, y_0)$ 为函数 $f(x, y)$ 的**极大值**（或**极小值**）；极大值和极

小值统称为**极值**. 使函数取得极大值的点(或极小值的点)(x_0,y_0) 称为**极大值点**(或**极小值点**);极大值点和极小值点统称为**极值点**.

例如,函数 $z=x^2+y^2$ 在点 $(0,0)$ 处取得极小值 0,因为对于任意的 $(x,y)\neq(0,0)$ 都有

$$f(x,y)=x^2+y^2>0=f(0,0).$$

从几何上看,函数 $z=x^2+y^2$ 是开口向上的椭圆抛物面 $(a=b=1)$,显然 $(0,0,0)$ 是曲面的一个顶点,如图 1.5.4 所示.

下面我们来讨论极值存在的必要条件和充分条件.

定理 2.6.1(极值存在的必要条件) 　 若函数 $z=f(x,y)$ 在点 $P_0(x_0,y_0)$ 的一阶偏导数存在,且函数在点 $P_0(x_0,y_0)$ 处取得极值,则必有

$$f_x(x_0,y_0)=0, f_y(x_0,y_0)=0.$$

证 　 由于点 (x_0,y_0) 是函数 $f(x,y)$ 的极值点,所以当固定变量 $y=y_0$ 时,函数 $z=f(x,y_0)$ 是一个一元函数,且在 $x=x_0$ 处取得极值,由一元函数极值的必要条件可知

$$f_x(x_0,y_0)=0.$$

同理,当固定 $x=x_0$ 时,函数 $z=f(x_0,y)$ 在 $y=y_0$ 处取得极值,所以也有

$$f_y(x_0,y_0)=0.$$

我们将使得 $f_x(x_0,y_0)=0$, $f_y(x_0,y_0)=0$ 同时成立的点 (x_0,y_0) 称为函数 $z=f(x,y)$ 的**驻点**. 由定理 2.6.1 可知,对于存在偏导数的函数,其极值点必为驻点. 但是,函数的驻点却不一定是极值点.

例如,函数 $z=x^2-y^2$ 有偏导数 $\dfrac{\partial z}{\partial x}=2x$, $\dfrac{\partial z}{\partial y}=-2y$. 它们在点 $(0,0)$ 处取值均为零,所以点 $(0,0)$ 是该函数的驻点. 因为 $z\big|_{(0,0)}=0$,而在点 $(0,0)$ 的任意一个邻域内函数 $z=x^2-y^2$ 既可以取正值,又可以取负值,所以点 $(0,0)$ 不是函数 $z=x^2-y^2$ 的极值点.

在空间直角坐标系中,函数 $z=x^2-y^2$ 的图形是双曲抛物面(见图 2.6.1).

与一元函数一样,驻点虽不一定是函数的极值点,但却为可偏导函数极值点的寻求划定了范围,我们只要把可偏导函数的驻点找出来,再设法逐一判别.

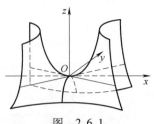

图 　 2.6.1

定理 2.6.2（极值存在的充分条件）　设函数 $z=f(x,y)$ 在点 $P_0(x_0,y_0)$ 的某个邻域内具有二阶连续偏导数，且点 $P_0(x_0,y_0)$ 是函数的驻点，即 $f_x(x_0,y_0)=f_y(x_0,y_0)=0$. 若记 $A=f_{xx}(x_0,y_0)$，$B=f_{xy}(x_0,y_0)$，$C=f_{yy}(x_0,y_0)$，则

（1）当 $B^2-AC<0$ 时，点 $P_0(x_0,y_0)$ 是极值点，且当 $A<0$ 时有极大值 $f(x_0,y_0)$，当 $A>0$ 时有极小值 $f(x_0,y_0)$；

（2）当 $B^2-AC=0$ 时，点 $P_0(x_0,y_0)$ 可能是极值点，也可能不是极值点；

（3）当 $B^2-AC>0$ 时，点 $P_0(x_0,y_0)$ 一定不是极值点.

例 2.6.1　求函数 $z=x^2-xy+y^2-2x+y$ 的极值.

解　设 $f(x,y)=x^2-xy+y^2-2x+y$，先求 $f(x,y)$ 的驻点，即解方程组

$$\begin{cases} f_x(x,y)=2x-y-2=0, \\ f_y(x,y)=-x+2y+1=0, \end{cases}$$

得驻点为 $(1,0)$. 再求 $f(x,y)$ 的二阶偏导数得

$$f_{xx}(x,y)=2,\ f_{xy}(x,y)=-1,\ f_{yy}(x,y)=2,$$

在点 $(1,0)$ 处，有 $A=2$，$B=-1$，$C=2$. 又 $B^2-AC=1-4=-3<0$ 且 $A>0$. 因此，$f(x,y)$ 在点 $(1,0)$ 取得极小值 $f(1,0)=-1$.

例 2.6.2　求函数 $f(x,y)=\mathrm{e}^{x-y}(x^2-2y^2)$ 的极值.

解　（1）解方程组

$$\begin{cases} f_x=\mathrm{e}^{x-y}(x^2-2y^2)+2x\mathrm{e}^{x-y}=0, \\ f_y=-\mathrm{e}^{x-y}(x^2-2y^2)-4y\mathrm{e}^{x-y}=0, \end{cases}$$

得驻点 $(0,0)$ 及 $(-4,-2)$.

（2）求二阶偏导数

$$f_{xx}(x,y)=\mathrm{e}^{x-y}(x^2-2y^2+4x+2),$$
$$f_{xy}(x,y)=\mathrm{e}^{x-y}(2y^2-x^2-2x-4y),$$
$$f_{yy}(x,y)=\mathrm{e}^{x-y}(x^2-2y^2+8y-4).$$

（3）列表判定极值点：

驻点 (x_0,y_0)	A	B	C	$\Delta=B^2-AC$ 的符号	结论
$(0,0)$	2	0	-4	$+$	$f(0,0)$ 不是极值点
$(-4,-2)$	$-6\mathrm{e}^2$	$8\mathrm{e}^{-2}$	$-12\mathrm{e}^2$	$-$	$f(-4,-2)=8\mathrm{e}^{-2}$ 是极大值

因此, $f(x,y)$ 在点 $(-4,-2)$ 取得极大值 $f(-4,-2)=8\mathrm{e}^{-2}$.

与一元函数类似, 二元可微函数的极值点一定是驻点, 但对偏导数不存在的函数来说, 极值点却不一定是驻点. 例如, 点 $(0,0)$ 是函数 $z=\sqrt{x^2+y^2}$ 的极小值点, 但 $(0,0)$ 并不是驻点, 因为函数在点 $(0,0)$ 处的偏导数不存在. 因此, 二元函数的极值点可能是驻点, 也可能是使得至少一个偏导数不存在的点.

2.6.2　多元函数的最大值与最小值

如果函数 $z=f(x,y)$ 在有界闭区域 D 上连续, 则在闭区域 D 上函数一定能取到最大值和最小值. 如何求函数 $z=f(x,y)$ 在区域 D 上的最大值、最小值呢? 如果 $z=f(x,y)$ 在 D 上可微, 可先求出函数在该区域内一切驻点处的函数值及函数在区域边界上的最大值和最小值, 并加以比较. 在这些函数值中最大的就是函数在 D 上的最大值, 最小的就是函数在 D 上的最小值.

由于要求出函数 $f(x,y)$ 在区域 D 的边界上的最大值与最小值, 所以这种做法比较复杂. 但在通常遇到的实际问题中, 如果可以根据问题的性质判断出函数 $f(x,y)$ 的最大值或最小值一定在区域 D 的内部取到, 并且函数在 D 内只有唯一的驻点, 那么可以断定该点处的函数值就是 $f(x,y)$ 在 D 上的最大值或最小值.

例 2.6.3　要用铁板做一个体积为 8 的有盖的长方体水箱, 问水箱各边的尺寸多大时, 所用材料最省?

解　设水箱的长、宽、高分别为 x、y、z, 则体积 $xyz=8(x>0,y>0,z>0)$. 设长方体水箱的表面积为 A, 则有

$$A=2(xy+xz+yz).$$

将 $z=\dfrac{8}{xy}$ 代入 A 的表达式中, 得

$$A(x,y)=2\left(xy+\frac{8}{x}+\frac{8}{y}\right).$$

求实际问题中的最值问题的步骤:

(1) 根据实际问题建立函数关系, 确定其定义域;

(2) 求出驻点;

(3) 结合实际意义判定最大值、最小值.

这样问题就归结于当 $x>0$, $y>0$ 时, 即在区域 $D=\{(x,y)\,|\,x>0,y>0\}$ 内, 求函数 $A(x,y)$ 的最小值. 即当表面积 A 最小时, 所用的材料最省. 为此, 求函数 $A(x,y)$ 的驻点. 即

$$\begin{cases} \dfrac{\partial A}{\partial x}=2\left(y-\dfrac{8}{x^2}\right)=0, \\[2mm] \dfrac{\partial A}{\partial y}=2\left(x-\dfrac{8}{y^2}\right)=0. \end{cases}$$

由第一个方程, 得 $y=\dfrac{8}{x^2}$, 将 $y=\dfrac{8}{x^2}$ 代入第二个方程, 得

$$8x-x^4=0.$$

因 $x\neq0$，所以 $x=\sqrt[3]{8}=2$，于是 $y=\dfrac{8}{x^2}=2$，求得函数 $A(x,y)$ 在 D 内只有唯一驻点 $(2,2)$.

根据实际问题可以断定，$A(x,y)$ 在 D 内一定有最小值，而我们求得的结果在 D 内函数 $A(x,y)$ 只有唯一驻点 $(2,2)$，故该驻点就是 $A(x,y)$ 的最小值点，即当 $x=2$，$y=2$ 时，表面积 A 取得最小值. 此时 $z=\dfrac{8}{xy}=2$，即水箱为正方体，每边长为 2 时，所用材料最省.

例 2.6.4　某企业生产甲、乙两种产品，其销售价格分别是 $P_1=18$ 万元，$P_2=12$ 万元，总成本 C 是两种产品产量 x 和 y（单位：台）的函数 $C(x,y)=2x^2+xy+2y^2+6$（单位：万元）. 当两种产品产量为多少时，可获得最大利润？最大利润是多少？

解　收入函数

$$R(x,y)=P_1x+P_2y=18x+12y,$$

总利润函数为

$$\begin{aligned}
L(x,y)&=R(x,y)-C(x,y)\\
&=(18x+12y)-(2x^2+xy+2y^2+6)\\
&=-2x^2+18x-xy+12y-2y^2-6,
\end{aligned}$$

令

$$\begin{cases}
\dfrac{\partial L}{\partial x}=-4x-y+18=0,\\[2mm]
\dfrac{\partial L}{\partial y}=-4y-x+12=0,
\end{cases}$$

得唯一驻点 $M(4,2)$，因驻点唯一且根据实际意义最大利润存在. 所以 $M(4,2)$ 为最大值点，即生产甲产品 4 台，乙产品 2 台时利润最大，最大利润为 42 万元.

习题 2.6

1. 求下列函数的驻点，并判断求出的驻点是否为极值点：

(1) $f(x,y)=xy$；

(2) $f(x,y)=x^3+y^3-9xy+27$.

2. 求函数 $f(x,y)=x^3+y^3-3(x^2+y^2)$ 的极值.

3. 将 3 分成三个正数之和，使它们的乘积最大，求这三个正数.

4. 某工厂生产两种产品甲与乙，出售单价分别为 10 元与 9 元，生产 x 单位的产品甲与生产 y 单位的产品乙的总费用是 $400+2x+3y+0.01(3x^2+xy+3y^2)$（单位：元）. 求取得最大利润时，两种产品的产量各多少？

第 2 章总习题

1. 求下列函数极限：

（1）$\lim\limits_{\substack{x\to 1 \\ y\to 2}}(x^2 y+3y)$； （2）$\lim\limits_{(x,y)\to(0,0)}\dfrac{\sqrt{xy+1}-1}{xy}$.

2. 求下列函数的连续范围：

（1）$f(x,y)=\sin(x^2+y^2)$；

（2）$f(x,y)=\sqrt{xy}$.

3. 设函数 $f(x,y)=e^{-x}\sin(x+2y)$，求 $f_x\left(0,\dfrac{\pi}{4}\right)$.

4. 设 $f(x,y)=1+x^2-y^2$，求 $f(x+\Delta x,y+\Delta y)-f(x,y)$.

5. 求下列函数关于各个自变量的偏导数：

（1）$z=\ln\dfrac{x}{y}$； （2）$z=xe^{-xy}$.

6. 设 $u=\dfrac{1}{x^2+y^2}$，求 $\dfrac{\partial u}{\partial x}+\dfrac{\partial u}{\partial y}$.

7. 设 $z=\ln(e^x+e^y)$，求 $\dfrac{\partial^2 z}{\partial x^2}$，$\dfrac{\partial^2 z}{\partial y^2}$，$\dfrac{\partial^2 z}{\partial x\partial y}$，$\dfrac{\partial^2 z}{\partial y\partial x}$.

8. 设 $z=ue^{\frac{u}{v}}$，$u=x^2+y^2$，$v=xy$，求 $\dfrac{\partial z}{\partial x}$，$\dfrac{\partial z}{\partial y}$.

9. 设 $z=u^v$，$u=\sin 2x$，$v=\sqrt{x^2-1}$，求 $\dfrac{dz}{dx}$.

10. 设 $z=z(x,y)$ 是由方程 $\dfrac{x}{z}=\ln\dfrac{z}{y}$ 所确定的隐函数，求 dz.

11. 设 $z=\dfrac{x}{\sqrt{x^2+y^2}}$（$x\neq 0$ 且 $y\neq 0$），求 dz.

12. 求函数 $f(x,y)=x^2+xy+y^2-3x-3y$ 的极小值.

13. 利用全微分近似计算 $(0.98)^{2.03}$ 的值.

14. 设 $u=e^{xyz}$，求 $\dfrac{\partial^3 u}{\partial x\partial y\partial z}$.

15. 求函数 $z=x^2 y(5-x-y)$ 在闭区域 D：$x\geq 0$，$y\geq 0$，$x+y\leq 4$ 上的最大值与最小值.

第 3 章
二重积分

我们在前面已经讨论了定积分，其中讨论的被积函数是一元函数，而积分范围是直线上的区间，因而定积分通常用来计算与一元函数及区间有关的量. 但是，在经济学和科学技术中往往还会遇到关于多元函数和对应区域有关的量，例如计算多个产品的平均利润问题，空间物体的体积、表面积、质量及一般区域物体的质心等问题，这就需要将定积分的概念加以推广，来讨论被积函数是多元函数、积分范围是平面或者空间中某几何体的积分，而本章主要研究被积函数是二元实函数，积分范围是平面图形的积分，即二重积分.

本章将介绍二重积分的概念、计算方法以及它们的一些应用. 学习本章内容时，要注意二重积分与定积分的联系，着重掌握把重积分化为定积分计算的方法.

3.1 二重积分的概念与性质

3.1.1 二重积分的概念

1. 引例

（1）曲顶柱体的体积

曲顶柱体是由母线平行于 z 轴的柱面、xOy 坐标平面，以及与任一同 z 轴平行的直线相交不多于一点的曲面所围成的形体. 如图 3.1.1所示，柱体的上底是一曲面，下底为 xOy 坐标平面上的某一区域 D，D 也就是上底曲顶在 xOy 坐标平面上的投影.

我们知道，对于平顶柱体，即当 $f(x,y) \equiv h$（h 为常数，$h>0$）时，它的体积

$$V = 高 \times 底面积 = h\sigma,$$

其中 σ 是有界闭区域 D 的面积. 现在柱体的顶是曲面，它的高 $f(x,y)$ 在 D 上是变量，它的体积就不能用上面的公式来计算. 但是我们可仿照求曲边梯形面积的思路，把 D 分成许多小区域，由

于 $f(x,y)$ 在 D 上连续，因此它在每个小区域上的变化就很小，因而相应每个小区域上的小曲顶柱体的体积就可用平顶柱体的体积来近似替代，且区域 D 分割得越细，近似值的精度就越高. 于是通过求和、取极限就能算得整个曲顶柱体的体积. 具体做法如下：如图 3.1.2 所示，设以 D 为底、曲面 $z=f(x,y)$ 为顶、母线平行于 z 轴的柱体体积为 V.

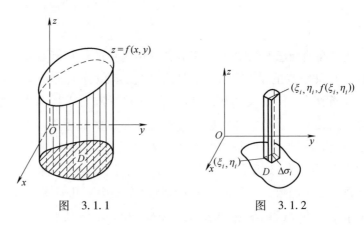

图 3.1.1 图 3.1.2

1) **分割**. 将区域 D 任意分成 n 个小区域，称为子域：$\Delta\sigma_1$，$\Delta\sigma_2$，$\cdots$，$\Delta\sigma_n$，并以 $\Delta\sigma_i(i=1,2,\cdots,n)$ 表示第 i 个子域的面积. 以每个子域为底，做同样的柱体. 就将整个柱体分成 n 个小曲顶柱体.

2) **近似**. 在每个小曲顶柱体的底 $\Delta\sigma_i$ 上任取一点 $(\xi_i,\eta_i)(i=1,2,\cdots,n)$，这点所对应的曲面高度为 $f(\xi_i,\eta_i)$，用以 $\Delta\sigma_i$ 为底，以 $f(\xi_i,\eta_i)$ 为高的平顶柱体的体积 $f(\xi_i,\eta_i)\Delta\sigma_i$ 近似替代第 i 个曲顶柱体的体积(见图3.1.2)，即

$$\Delta V_i \approx f(\xi_i,\eta_i)\Delta\sigma_i.$$

3) **求和**. 将这 n 个小平顶柱体的体积相加，得到原曲顶柱体体积的近似值，即

$$V=\sum_{i=1}^{n}\Delta V_i \approx \sum_{i=1}^{n}f(\xi_i,\eta_i)\Delta\sigma_i.$$

4) **取极限**. 将区域 D 无限细分且每一个子域趋向于缩成一点，这个近似值就趋向于原曲顶柱体的体积，即

$$V=\lim_{\lambda\to 0}\sum_{i=1}^{n}f(\xi_i,\eta_i)\Delta\sigma_i,$$

探究

回顾求曲边梯形的过程，比较它与计算曲顶柱体过程有哪些异同？

其中 λ 是这 n 个子域的最大直径(有界闭区域的直径是指区域中任意两点间距离的最大值).

(2) **平面薄片的质量**

已知平面薄片 D 的面密度(单位面积上的质量)$\mu=\mu(x,y)$ 随

点 (x,y) 的变化而连续变化. 求该平面薄片的质量.

我们知道，对于质量分布均匀的薄片，即当 $\mu(x,y)\equiv\mu_0(\mu_0$ 为常数，$\mu_0>0)$ 时，该薄片的质量

$$m=面密度\times薄片面积=\mu_0\sigma.$$

现在薄片的面密度 $\mu(x,y)$ 在 D 上是变量，因而它的质量就不能用上面的公式计算. 但是它仍可仿照求曲顶柱体体积的思想方法求得. 简单地说，非均匀分布的平面薄片的质量，可以通过"分割、近似、求和、取极限"这四个步骤求得. 具体做法如下：

1）**分割**. 由于质量分布非均匀，为了得到质量的近似值，将薄片（即区域 D）用两组曲线任意分割成 n 个子域 $\Delta\sigma_1$，$\Delta\sigma_2$，…，$\Delta\sigma_n$，其中任意两小块 $\Delta\sigma_i$ 和 $\Delta\sigma_j$ 除边界外无公共点，我们用 $\Delta\sigma_i(i=1,2,\cdots,n)$ 表示第 i 个子域的面积（见图 3.1.3）.

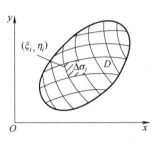

图　3.1.3

2）**近似**. 由于 $\mu(x,y)$ 在 D 上连续，因此当 $\Delta\sigma_i$ 的直径很小时，这个子域上的面密度的变化也很小，即其质量可近似看成是均匀分布的，于是在 $\Delta\sigma_i$ 上任取一点 (ξ_i,η_i)，第 i 块薄片的质量的近似值为

$$\Delta m_i\approx\mu(\xi_i,\eta_i)\Delta\sigma_i.$$

3）**求和**. 将上述 n 小块的质量相加得到整个平面薄片质量的近似值，即

$$m=\sum_{i=1}^{n}\Delta m_i\approx\sum_{i=1}^{n}\mu(\xi_i,\eta_i)\Delta\sigma_i.$$

4）**取极限**. 当 n 个子域的最大直径 $\lambda\to 0$ 时，上述和式的极限就是所求薄片的质量. 即

$$m=\lim_{\lambda\to 0}\sum_{i=1}^{n}\mu(\xi_i,\eta_i)\Delta\sigma_i.$$

2. 二重积分的定义

上面两个引例虽然来自于不同的领域，但是它们解决问题的方法却是一样的，即通过"分割、近似、求和、取极限"得到二元函数在平面区域上和式的极限. 求得此极限，问题就解决了. 在物理、力学、几何及工程技术中有许多量都归结为求这种和式的极限. 抽去它们的具体意义，就有如下的二重积分的定义.

定义 3.1.1　设二元函数 $z=f(x,y)$ 定义在有界闭区域 D 上. 将区域 D 任意分成 n 个子域 $\Delta\sigma_i(i=1,2,\cdots,n)$，并以 $\Delta\sigma_i$ 表示第 i 个子域的面积. 在 $\Delta\sigma_i$ 上任取一点 (ξ_i,η_i)，作和 $\sum_{i=1}^{n}f(\xi_i,\eta_i)\Delta\sigma_i$. 如果当各个子域的直径中的最大值 λ 趋于零时，此和式的

极限存在，则称此极限为函数 $f(x,y)$ 在区域 D 上的**二重积分**，记为 $\iint\limits_{D}f(x,y)\,\mathrm{d}\sigma$，即

$$\iint\limits_{D}f(x,y)\,\mathrm{d}\sigma=\lim_{\lambda\to0}\sum_{i=1}^{n}f(\xi_i,\eta_i)\Delta\sigma_i.$$

这时，称 $f(x,y)$ 在 D 上**可积**，其中 $f(x,y)$ 称为**被积函数**，$f(x,y)\,\mathrm{d}\sigma$ 称为**被积表达式**，$\mathrm{d}\sigma$ 称为**面积元素**，D 称为**积分域**，$\iint$ 称为二重积分号.

与一元函数定积分存在定理类似，如果 $f(x,y)$ 在有界闭区域 D 上连续，则无论 D 如何分点 (ξ_i,η_i) 如何取，上述和式的极限一定存在. 换句话说，在有界闭区域上连续的函数，一定可积(证明从略). 二重积分是一个数值，这个数值只与被积函数 $f(x,y)$ 的表达式和积分区域 D 有关，与积分变量的记号无关. 以后，本书将假定所讨论的函数在有界区域上都是可积的.

根据二重积分的定义，曲顶柱体的体积就是柱体的高 $f(x,y)\geqslant0$ 在底面区域 D 上的二重积分，即

$$V=\iint\limits_{D}f(x,y)\,\mathrm{d}\sigma;$$

非均匀分布的平面薄片的质量就是它的面密度函数 $\mu(x,y)$ 在薄片所占有的区域 D 上的二重积分，即

$$m=\iint\limits_{D}\mu(x,y)\,\mathrm{d}\sigma.$$

3. 二重积分的几何意义

当 $f(x,y)\geqslant0$ 时，二重积分 $\iint\limits_{D}f(x,y)\,\mathrm{d}\sigma$ 的几何意义就是图 3.1.1 所示的曲顶柱体的体积；当 $f(x,y)<0$ 时，柱体在 xOy 平面的下方，二重积分 $\iint\limits_{D}f(x,y)\,\mathrm{d}\sigma$ 表示该柱体体积的相反值，即 $f(x,y)$ 的绝对值在 D 上的二重积分 $\iint\limits_{D}|f(x,y)|\,\mathrm{d}\sigma$ 才是该曲顶柱体的体积；当 $f(x,y)$ 在 D 上有正有负时，如果我们规定在 xOy 平面上方的柱体体积取正号，在 xOy 平面下方的柱体体积取负号，则二重积分 $\iint\limits_{D}f(x,y)\,\mathrm{d}\sigma$ 的值就是它们上下方柱体体积的代数和.

3.1.2 二重积分的性质

二重积分与定积分有类似的性质,以下所遇到的函数假定均可积.

性质 1 线性性质

$$\iint\limits_{D}\left[af(x,y)+bg(x,y)\right]\mathrm{d}\sigma=a\iint\limits_{D}f(x,y)\mathrm{d}\sigma+b\iint\limits_{D}g(x,y)\mathrm{d}\sigma,$$

其中 a,b 为常数.

性质 2 分域性质

如果区域 D 被分成两个子区域 D_1 与 D_2,则在 D 上的二重积分等于各子区域 D_1、D_2 上的二重积分之和,即

$$\iint\limits_{D}f(x,y)\mathrm{d}\sigma=\iint\limits_{D_1}f(x,y)\mathrm{d}\sigma+\iint\limits_{D_2}f(x,y)\mathrm{d}\sigma.$$

性质 2 表明二重积分对于积分区域具有可加性.

性质 3 比较性质

如果在区域 D 上,$f(x,y)\leqslant g(x,y)$,则

$$\iint\limits_{D}f(x,y)\mathrm{d}\sigma\leqslant\iint\limits_{D}g(x,y)\mathrm{d}\sigma.$$

进一步可得 $\left|\iint\limits_{D}f(x,y)\mathrm{d}\sigma\right|\leqslant\iint\limits_{D}|f(x,y)|\mathrm{d}\sigma.$

性质 4 估值性质

如果 M,m 分别是函数 $f(x,y)$ 在 D 上的最大值与最小值,σ 为区域 D 的面积,则

$$m\sigma\leqslant\iint\limits_{D}f(x,y)\mathrm{d}\sigma\leqslant M\sigma.$$

性质 5 中值性质(二重积分中值定理)

设函数 $f(x,y)$ 在有界闭区域 D 上连续,记 σ 是 D 的面积,则在 D 上至少存在一点 (ξ,η),使得

$$\iint\limits_{D}f(x,y)\mathrm{d}\sigma=f(\xi,\eta)\sigma.$$

性质6　如果在 D 上, $f(x,y)=1$, 且 D 的面积为 σ, 则

$$\iint\limits_D \mathrm{d}\sigma = \sigma.$$

这些性质的证明与相应的定积分性质的证法相类似. 证明从略.

习题 3.1

1. 利用二重积分的性质估计下列积分的值:

(1) $I=\iint\limits_D (x+y+1)\mathrm{d}\sigma$, 其中 D 是正方形: $0 \leqslant x \leqslant 1$, $0 \leqslant y \leqslant 1$;

(2) $I=\iint\limits_D \dfrac{1}{x^2+y^2+2}\mathrm{d}\sigma$, 其中 D 是正方形: $0 \leqslant x^2+y^2 \leqslant 1$.

2. 根据二重积分的性质, 比较二重积分 $\iint\limits_D (x+y)^2\mathrm{d}\sigma$ 与 $\iint\limits_D (x+y)^3\mathrm{d}\sigma$ 的大小, 其中积分区域 D 是由 x 轴、y 轴与直线 $x+y=1$ 所围成的.

3. 求二重积分 $\iint\limits_D 3\mathrm{d}\sigma$, 其中 $D=\{(x,y) \mid x^2+y^2 \leqslant 4\}$.

3.2　直角坐标系下的二重积分

二重积分的计算主要是化为两次定积分计算, 简称化为二次积分或累次积分. 下面从二重积分的几何意义来引出这种计算方法. 我们将首先介绍在直角坐标系中的计算方法.

在直角坐标系中, 如果用平行于 x 轴和 y 轴的两组直线把区域 D 分成 n 个小块 $\Delta\sigma_1$, $\Delta\sigma_2$, $\cdots$, $\Delta\sigma_n$. 则除了包含区域 D 的边界曲线的小块外, 其余小块都为矩形, 其面积为 Δx_i 与 Δy_i 之积. 因此, 在直角坐标系中, 面积元素 $\mathrm{d}\sigma=\mathrm{d}x\mathrm{d}y$, 二重积分可以写成

$$\iint\limits_D f(x,y)\mathrm{d}x\mathrm{d}y.$$

下面用二重积分的几何意义来导出化二重积分为二次积分的方法. 设 D 可表示为不等式(通常称为 X 型)(见图 3.2.1)

$$y_1(x) \leqslant y \leqslant y_2(x), \ a \leqslant x \leqslant b.$$

下面我们用定积分的"切片法"来求这个曲顶柱体的体积.

在 $[a,b]$ 上任意固定一点 x_0, 过 x_0 作垂直于 x 轴的平面与柱体相交, 截出的面积设为 $S(x_0)$, 由定积分可知

$$S(x_0)=\int_{y_1(x_0)}^{y_2(x_0)} f(x_0,y)\mathrm{d}y.$$

一般地, 过 $[a,b]$ 上任意一点 x, 且垂直于 x 轴的平面与柱体相交得到的截面面积为

$$S(x) = \int_{y_1(x)}^{y_2(x)} f(x,y)\, dy.$$

如图 3.2.2 所示.

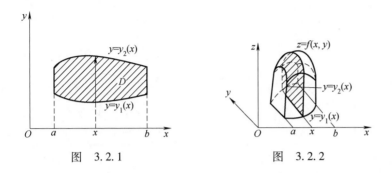

图　3.2.1　　　　　　　　图　3.2.2

由定积分的几何应用：设一立体满足 $a \leqslant x \leqslant b$，在区间 $[a,b]$ 上任取一点 x，过该点作垂直于 x 轴的平面与所给立体相截，若截面面积为 $S(x)$，则所给立体体积

$$V = \int_a^b S(x)\, dx.$$

于是所求曲顶柱体体积为

$$V = \int_a^b S(x)\, dx = \int_a^b \left[\int_{y_1(x)}^{y_2(x)} f(x,y)\, dy \right] dx.$$

所以

$$\iint_D f(x,y)\, dxdy = \int_a^b \left[\int_{y_1(x)}^{y_2(x)} f(x,y)\, dy \right] dx,$$

上式也可简记为

$$\iint_D f(x,y)\, dxdy = \int_a^b dx \int_{y_1(x)}^{y_2(x)} f(x,y)\, dy. \tag{3.2.1}$$

公式 (3.2.1) 就是二重积分化为二次定积分的计算方法，该方法就是累次积分法. 计算第一次积分时，视 x 为常量，对变量 y 由下限 $y_1(x)$ 积到上限 $y_2(x)$，这时计算结果是关于 x 的函数；计算第二次积分时，x 是积分变量，积分限是常数，计算结果是一个定值.

设积分区域 D 可表示为不等式（通常称为 Y 型）（见图 3.2.3）

$$x_1(y) \leqslant x \leqslant x_2(y), \quad c \leqslant y \leqslant d.$$

完全类似地可得

$$\iint_D f(x,y)\, dxdy = \int_c^d dy \int_{x_1(y)}^{x_2(y)} f(x,y)\, dx. \tag{3.2.2}$$

将二重积分化为累次积分时，需注意以下几点：

（1）累次积分的下限必须小于上限.

（2）用公式(3.2.1)或公式(3.2.2)时，要求 D 分别满足：平行于 y 轴或 x 轴的直线与 D 的边界相交不多于两点．如果 D 不满足这个条件，则需要把 D 分割成几段（见图3.2.4），然后分块计算．

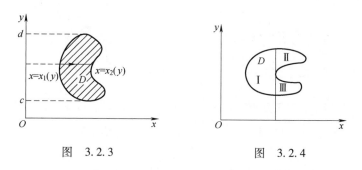

图　3.2.3　　　　　　　　　　图　3.2.4

（3）一个重积分常常是既可以先对 y 积分[公式(3.2.1)]，又可以先对 x 积分[公式(3.2.2)]，而这两种不同的积分次序，往往导致计算的繁简程度差别很大，那么该如何恰当地选择积分次序呢？下面举例说明．

例 3.2.1 计算积分 $\iint\limits_D (x+y)^2 \mathrm{d}x\mathrm{d}y$，其中 D 为矩形区域：$0 \leqslant x \leqslant 1$，$0 \leqslant y \leqslant 2$．

解法一　矩形区域既属于第一种类型，也属于第二种类型，所以，可以先对 x 积分，也可以先对 y 积分．先选择先对 y 积分，得

$$\iint\limits_D (x+y)^2 \mathrm{d}x\mathrm{d}y = \int_0^1 \mathrm{d}x \int_0^2 (x+y)^2 \mathrm{d}y = \int_0^1 \frac{1}{3}(x+y)^3 \Big|_0^2 \mathrm{d}x$$

$$= \int_0^1 \left[\frac{(x+2)^3}{3} - \frac{x^3}{3} \right] \mathrm{d}x = \frac{1}{12}(x+2)^4 \Big|_0^1 - \frac{1}{12}x^4 \Big|_0^1 = \frac{16}{3}.$$

解法二　再选择先对 x 积分，得

$$\iint\limits_D (x+y)^2 \mathrm{d}x\mathrm{d}y = \int_0^2 \mathrm{d}y \int_0^1 (x+y)^2 \mathrm{d}x = \int_0^2 \frac{1}{3}(x+y)^3 \Big|_0^1 \mathrm{d}y$$

$$= \frac{1}{3}\int_0^2 \left[(y+1)^3 - y^3 \right] \mathrm{d}y = \frac{1}{3}\left[\frac{1}{4}(y+1)^4 - \frac{1}{4}y^4 \right]_0^2 = \frac{16}{3}.$$

例 3.2.2 计算 $\iint\limits_D \frac{1}{2}(2-x-y)\mathrm{d}x\mathrm{d}y$，其中 D 是直线 $y=x$ 与抛物线 $y=x^2$ 围成的区域．

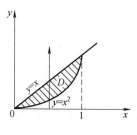

图　3.2.5

解　积分区域 D 如图3.2.5所示．直线 $y=x$ 与抛物线 $y=x^2$ 的

交点是$(0,0)$与$(1,1)$.

若先对 y 后对 x 积分, 则积分区域 D 表示为

$$0 \leqslant x \leqslant 1, \quad x^2 \leqslant y \leqslant x,$$

故

$$\iint\limits_D \frac{1}{2}(2-x-y)\mathrm{d}x\mathrm{d}y = \int_0^1 \mathrm{d}x \int_{x^2}^x \frac{1}{2}(2-x-y)\mathrm{d}y$$

$$= \int_0^1 \left(y - \frac{1}{2}xy - \frac{1}{4}y^2\right)\bigg|_{x^2}^x \mathrm{d}x$$

$$= \int_0^1 \frac{1}{4}(4x - 7x^2 + 2x^3 + x^4)\mathrm{d}x = \frac{11}{120}.$$

思考

若先对 x 后对 y 积分, 计算过程如何? 请同学们自己尝试?

例 3.2.3　计算二重积分 $\iint\limits_D y^2\mathrm{d}x\mathrm{d}y$, 其中 D 由抛物线 $x=y^2$, 直线 $2x-y-1=0$ 所围成.

解　画出积分区域的图形, 如图 3.2.6 所示, 解方程组

$$\begin{cases} x = y^2, \\ 2x - y - 1 = 0, \end{cases}$$

得抛物线和直线的两个交点 $(1,1)$, $\left(\dfrac{1}{4}, -\dfrac{1}{2}\right)$.

当然, 这个积分也可以选择另一种积分次序, 即先对 y 后对 x 积分 (见图 3.2.7). 但必须把积分区域 D 划分成两个区域 D_1 和 D_2, 请自行计算.

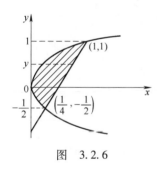

图　3.2.6

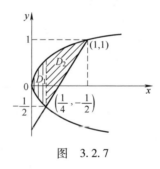

图　3.2.7

选择先对 x 积分, 后对 y 积分, 则积分区域 D 表示为

$$-\frac{1}{2} \leqslant y \leqslant 1, \quad y^2 \leqslant x \leqslant \frac{y+1}{2},$$

于是得

$$\iint\limits_D y^2\mathrm{d}x\mathrm{d}y = \int_{-\frac{1}{2}}^1 \mathrm{d}y \int_{y^2}^{\frac{y+1}{2}} y^2\mathrm{d}x = \int_{-\frac{1}{2}}^1 y^2\left(\frac{y+1}{2} - y^2\right)\mathrm{d}y$$

$$= \int_{-\frac{1}{2}}^1 \left(\frac{y^3}{2} + \frac{y^2}{2} - y^4\right)\mathrm{d}y = \left(\frac{1}{8}y^4 + \frac{1}{6}y^3 - \frac{1}{5}y^5\right)\bigg|_{-\frac{1}{2}}^1 = \frac{63}{640}.$$

例 3.2.4　求椭圆抛物面 $z = 4 - x^2 - \dfrac{y^2}{4}$ 与平面 $z=0$ 所围成的立体体积.

解　画出所围立体的示意图 (见图 3.2.8), 考虑到图形的对

称性，只需计算第一卦限部分即可，即

$$V = 4 \iint\limits_{D} \left(4 - x^2 - \frac{y^2}{4} \right) \mathrm{d}x\mathrm{d}y,$$

其中 D 如图 3.2.9 所示. 故

$$
\begin{aligned}
V &= 4 \iint\limits_{D} \left(4 - x^2 - \frac{y^2}{4} \right) \mathrm{d}x\mathrm{d}y \\
&= 4 \int_0^2 \mathrm{d}x \int_0^{\sqrt{16-4x^2}} \left(4 - x^2 - \frac{y^2}{4} \right) \mathrm{d}y \\
&= 4 \int_0^2 \left(4y - x^2 y - \frac{1}{12}y^3 \right) \Bigg|_0^{\sqrt{16-4x^2}} \mathrm{d}x \\
&= \frac{16}{3} \int_0^2 \left(4 - x^2 \right)^{\frac{3}{2}} \mathrm{d}x \\
&= 16\pi.
\end{aligned}
$$

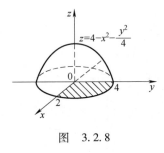

图 3.2.8

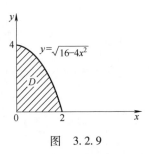

图 3.2.9

习题 3.2

1. 设 D 是由直线 $x=0$，$y=1$ 及 $y=x$ 围成的区域，试计算 $I = \iint\limits_{D} (x^2 \mathrm{e}^{-y^2}) \mathrm{d}\sigma$.

2. 计算二重积分 $\iint\limits_{D} \mathrm{d}\sigma$，其中 D 为由直线 $y=2x$ 及 $x+y=3$ 所围的三角形区域.

3. 计算二重积分 $\iint\limits_{D} \dfrac{x^2}{y^2} \mathrm{d}x\mathrm{d}y$，其中 D 是由直线 $x=2$，$y=x$ 及双曲线 $xy=1$ 所围成的区域.

4. 计算 $I = \int_0^1 \mathrm{d}y \int_y^1 x^2 \sin xy \, \mathrm{d}x$.

3.3 极坐标系下的二重积分

在极坐标系中，平面上点的位置可以由极坐标 r，θ 来确定. 当 $r=$ 常数时，表示以极点为圆心的圆周；当 $\theta=$ 常数时，表示从极点 O 出发的一条射线. 若点 M 在直角坐标系中坐标为 (x,y)，在极坐标系中坐标为 (r,θ)，则有如下关系：

$$\begin{cases} x = r\cos\theta, \\ y = r\sin\theta. \end{cases}$$

根据极坐标系的这个特点，假设在极坐标系中区域 D 的边界曲线与从极点 O 出发且穿过 D 的内部射线相交不多于两点，我们用 $r=$ 常数和 $\theta=$ 常数来分割区域 D（见图 3.3.1）. 设 $\mathrm{d}\sigma$ 是由两组射线围成的小区域. 这个小区域可以近似看作是边长为 $\mathrm{d}r$ 和 $r\mathrm{d}\theta$ 的小矩形，所以它的面积

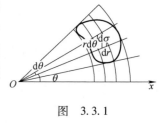

图　3.3.1

$$\mathrm{d}\sigma = r\mathrm{d}r\mathrm{d}\theta.$$

再分别用 $x=r\cos\theta$，$y=r\sin\theta$ 代换被积函数 $f(x,y)$ 中的 x，y，这样二重积分在极坐标系下表达形式为

$$\iint\limits_{D}f(x,y)\,\mathrm{d}\sigma = \iint\limits_{D}f(r\cos\theta,r\sin\theta)\,r\mathrm{d}r\mathrm{d}\theta.$$

设 D（图 3.3.2）位于两条射线 $\theta=\alpha$ 和 $\theta=\beta$ 之间，D 的两段边界线极坐标方程分别为

$$r=r_1(\theta), r=r_2(\theta).$$

极坐标系在实际计算时，与直角坐标系情况类似，还是化成累次积分来进行.

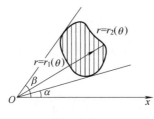

图　3.3.2

则二重积分就可化为如下的累次积分：

$$\iint\limits_{D}f(x,y)\,\mathrm{d}\sigma = \int_{\alpha}^{\beta}\mathrm{d}\theta\int_{r_1(\theta)}^{r_2(\theta)}f(r\cos\theta,r\sin\theta)\,r\mathrm{d}r. \qquad (3.3.1)$$

如果极点 O 在 D 的内部（见图 3.3.3），则有

$$\iint\limits_{D}f(y)\,\mathrm{d}\sigma = \int_{0}^{2\pi}\mathrm{d}\theta\int_{0}^{r(\theta)}f(r\cos\theta,r\sin\theta)\,r\mathrm{d}r. \qquad (3.3.2)$$

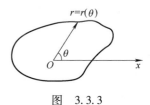

图　3.3.3

例 3.3.1　化二次积分 $\displaystyle\int_{0}^{2}\mathrm{d}x\int_{x}^{\sqrt{3}x}f(x,y)\,\mathrm{d}y$ 为极坐标形式的二次积分.

解　积分区域 D 如图 3.3.4 所示，用极坐标表示为

$$\frac{\pi}{4}\leqslant\theta\leqslant\frac{\pi}{3},0\leqslant r\leqslant 2\sec\theta,$$

所以有

$$\int_{0}^{2}\mathrm{d}x\int_{x}^{\sqrt{3}x}f(x,y)\,\mathrm{d}y = \iint\limits_{D}f(x,y)\,\mathrm{d}x\mathrm{d}y$$

$$= \int_{\frac{\pi}{4}}^{\frac{\pi}{3}}\mathrm{d}\theta\int_{0}^{2\sec\theta}f(r\cos\theta,r\sin\theta)\,r\mathrm{d}r.$$

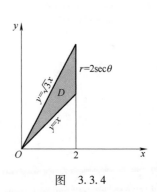

图　3.3.4

例 3.3.2　计算 $\iint\limits_{D}(x^2+y^2)\,\mathrm{d}x\mathrm{d}y$，其中 D 为由圆 $x^2+y^2=2y$，$x^2+y^2=4y$ 及直线 $x-\sqrt{3}\,y=0$，$y-\sqrt{3}\,x=0$ 所围成的平面区域.

解　画出 D 的图形(见图 3.3.5)，于是

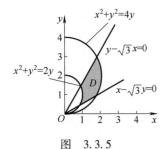

图　3.3.5

$$y-\sqrt{3}\,x=0\Rightarrow\theta=\frac{\pi}{3},$$

$$x^2+y^2=4y\Rightarrow r=4\sin\theta,$$

$$x-\sqrt{3}\,y=0\Rightarrow\theta=\frac{\pi}{6},$$

$$x^2+y^2=2y\Rightarrow r=2\sin\theta,$$

D 可表示为

$$\frac{\pi}{6}\leqslant\theta\leqslant\frac{\pi}{3},\ \ 2\sin\theta\leqslant r\leqslant4\sin\theta,$$

于是得到

$$\iint\limits_{D}(x^2+y^2)\,\mathrm{d}x\mathrm{d}y=\int_{\frac{\pi}{6}}^{\frac{\pi}{3}}\mathrm{d}\theta\int_{2\sin\theta}^{4\sin\theta}r^2\cdot r\mathrm{d}r$$

$$=60\int_{\frac{\pi}{6}}^{\frac{\pi}{3}}\sin^4\theta\mathrm{d}\theta$$

$$=\frac{\pi}{16}-\frac{\sqrt{3}}{32}.$$

例 3.3.3　求由圆锥面 $z=4-\sqrt{x^2+y^2}$ 与旋转抛物面 $2z=x^2+y^2$ 所围立体的体积(见图 3.3.6).

解　选用极坐标计算，得

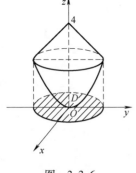

图　3.3.6

$$V=\iint\limits_{D}\left[(4-\sqrt{x^2+y^2})-\frac{1}{2}(x^2+y^2)\right]\mathrm{d}x\mathrm{d}y$$

$$=\iint\limits_{D}\left(4-r-\frac{r^2}{2}\right)r\mathrm{d}r\mathrm{d}\theta,$$

求立体在 xOy 面上的投影区域 D：由

$$\begin{cases}z=4-\sqrt{x^2+y^2},\\2z=x^2+y^2,\end{cases}$$

消去 x，y 得　　　　　　　　$(z-4)^2=2z,$

即　　　　　　　　　　　　$z^2-10z+16=0,$

也即　　　　　　　　　　　$(z-2)(z-8)=0,$

得　　　　　　　　　$z=2,\ z=8\ \ (舍去).$

因此，D 由 $x^2+y^2=4$ 即 $r=2$ 围成. 故得

$$V=\int_0^{2\pi}\mathrm{d}\theta\int_0^2\left(4r-r^2-\frac{r^3}{2}\right)\mathrm{d}r=2\pi\left(2r^2-\frac{r^3}{3}-\frac{r^4}{8}\right)\Big|_0^2=\frac{20}{3}\pi.$$

小结：以上两节我们讨论了二重积分在两种坐标系中的计算方法. 十分明显，选取适当的坐标系对计算二重积分是至关重要的. 一般来说，当积分区域为圆形、扇形、环形区域，而被积函数中含有 x^2+y^2 的项时，采用极坐标计算往往比较简便.

习题 3.3

1. 计算二重积分 $\iint\limits_D\sqrt{x^2+y^2}\,\mathrm{d}\sigma$，其中 D：$(x-a)^2+y^2\leqslant a^2(a>0)$.

2. 计算二重积分 $\iint\limits_D\sin\sqrt{x^2+y^2}\,\mathrm{d}x\mathrm{d}y$，其中 D 为两圆 $x^2+y^2=\pi^2$ 和 $x^2+y^2=4\pi^2$ 之间的环形区域.

3. 将二重积分 $\iint\limits_Df(x,y)\,\mathrm{d}\sigma$ 化为极坐标系下的累次积分，其中 D：$x^2+y^2\leqslant 2Rx$，$y\geqslant 0$.

4. 计算 $\iint\limits_D\mathrm{e}^{-(x^2+y^2)}\mathrm{d}x\mathrm{d}y$，$D$：$x^2+y^2\leqslant a^2$.

5. 计算球体 $x^2+y^2+z^2\leqslant 4a^2$ 被圆柱面 $x^2+y^2=2ax(a>0)$ 所截得的（含在圆柱面内的部分）立体的体积（见图 3.3.7）.

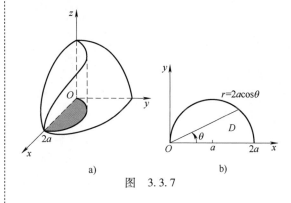

图 3.3.7

第 3 章总习题

1. 设有一平面薄板（不计其厚度），占有 xOy 面上的区域 D，薄板上分布有面密度为 $\rho=\mu(x,y)$ 的电荷，且 $\mu(x,y)$ 在 D 上连续，试用二重积分表达该板上的全部电荷 Q.

2. 利用二重积分的性质，估计下列二重积分的值：

（1）$I=\iint\limits_D\dfrac{\mathrm{d}\sigma}{\ln(4+x+y)}$，$D=\{(x,y)\mid 0\leqslant x\leqslant 4,0\leqslant y\leqslant 8\}$；

（2）$I=\iint\limits_D\sin(x^2+y^2)\,\mathrm{d}\sigma$，$D=\left\{(x,y)\mid\dfrac{\pi}{4}\leqslant x^2+y^2\leqslant\dfrac{3\pi}{4}\right\}$；

（3）$I=\iint\limits_D\mathrm{e}^{x^2+y^2}\mathrm{d}\sigma$，$D=\left\{(x,y)\mid x^2+y^2\leqslant\dfrac{1}{4}\right\}$.

3. 利用二重积分的性质，比较 $I_1=\iint\limits_D\mathrm{e}^{xy}\mathrm{d}\sigma$ 与 $I_2=\iint\limits_D\mathrm{e}^{2xy}\mathrm{d}\sigma$ 的大小，其中 D 是矩形区域：$-1\leqslant x\leqslant 0$，$0\leqslant y\leqslant 1$.

4. 计算积分 $\iint\limits_Dx\mathrm{e}^{xy}\mathrm{d}x\mathrm{d}y$，其中 D 为矩形区域：$0\leqslant x\leqslant 1$，$-1\leqslant y\leqslant 0$.

5. 计算 $\iint\limits_Dx^2\mathrm{d}x\mathrm{d}y$，其中 D 是两圆 $x^2+y^2=1$ 和 $x^2+y^2=4$ 之间的环形区域.

6. 计算 $\iint\limits_D\mathrm{e}^{-y^2}\mathrm{d}x\mathrm{d}y$，其中 D 是由直线 $x=0$，$y=x$，$y=1$ 围成的.

7. 计算 $\iint\limits_Dxy\mathrm{d}x\mathrm{d}y$，其中 D：$x^2+y^2\leqslant 1$，$x\geqslant 0$，$y\geqslant 0$.

8. 计算 $I=\iint\limits_D\dfrac{\mathrm{d}\sigma}{\sqrt{1-x^2-y^2}}$，其中 D 为圆域 x^2+

$y^2 \leqslant 1$.

9. 求球体 $x^2+y^2+z^2 \leqslant R^2$ 被圆柱体 $x^2+y^2=Rx$ 所割下部分的体积.

10. 某公司销售商品 Ⅰ x 个单位，商品 Ⅱ y 个单位的利润为

$$P(x,y) = -(x-200)^2 - (y-100)^2 + 5000.$$

现已知一周内商品 Ⅰ 的销售数量在 150~200 个单位之间变化，一周内商品 Ⅱ 的销售数量在 80~100 个单位之间变化. 求销售这两种商品一周的平均利润(保留整数).

11. 计算 $\iint\limits_{D} 2xy^2 \mathrm{d}x\mathrm{d}y$，其中 D 是由抛物线 $y^2=x$ 及直线 $y=x-2$ 所围成的.

4

第 4 章
无穷级数

在前面各章中，我们已经叙述了极限理论、微分学和积分学。本章所要讨论的无穷级数理论，则是更深入地掌握微积分的研究对象所不可缺少的一个重要工具。更由于它在大量实用科学中有着广泛的应用，使得这个理论在现代数学方法中占有重要的地位。无穷级数包括常数项级数和幂级数两大类。本章对于函数项级数只讨论它的特殊情形——幂级数。

由于常数项级数是幂级数的基础，因此本章先讨论常数项级数，主要介绍常数项级数的一些基本概念、基本性质及常用的审敛法。然后再介绍幂级数，着重讨论它的收敛区间及收敛性质。

4.1 常数项级数的概念和性质

4.1.1 常数项级数的相关概念

我国古代数学家刘徽创立的"割圆术"，即"割之弥细，所失弥少，割之又割，以至于不可割，则与圆周合体而无所失矣"，就是一种利用"有限个数相加到无穷"来计算半径为 R 的圆面积 A 的方法，具体做法如下：

首先在半径为 R 的圆内作内接正六边形，如图 4.1.1 所示，算出其面积 a_1，得到圆面积的一个近似值：$A_1 = a_1$。然后，以这个正六边形的每一边为底分别作一个顶点在圆周上的等腰三角形，算出这六个等腰角形面积之和 a_2，得到圆面积的一个近似值：$A_2 = a_1 + a_2$，即圆内接正十二边形的面积，其近似程度比正六边形的要好。

再次，以这个正十二边形的每一边为底分别作一个顶点在圆周上的等腰三角形，算出这十二个等腰三角形的面积 a_3，得到圆面积的一个近似值：$A_3 = a_1 + a_2 + a_3$，即圆内接正二十四边形的面积

思考

由初等数学知识，有限个实数 u_1，u_2，$\cdots$，u_n 相加，其和一定存在并且是一个实数，而无限个实数相加会出现什么结果呢？

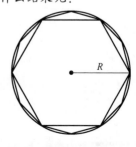

图　4.1.1

如此进行 n 次，得到圆面积的近似值 $A_n = a_1 + a_2 + \cdots + a_n$，即圆内接正 3×2^n 边形的面积. n 越大，用 A_n 近似 A 的效果越好，自然地认为，圆面积 A 是无穷多个数累加的和，即

$$A = \lim_{n \to \infty} A_n = \lim_{n \to \infty} (a_1 + a_2 + \cdots + a_n).$$

古代哲学家庄周所著的《庄子·天下篇》所述"一尺之捶，日取其半，万世不竭"的例子中，把每天截下那部分的长度"加"起来，即

$$\frac{1}{2} + \frac{1}{2^2} + \frac{1}{2^3} + \cdots + \frac{1}{2^n} + \cdots.$$

这就是"无穷个数相加"的一个例子，从直观上可以看到，它的和是 1.

下面由"无穷个数相加"的表达式

$$1 + (-1) + 1 + (-1) + \cdots + (-1) + \cdots$$

中，如果将它写作

$$(1-1) + (1-1) + (1-1) + \cdots = 0 + 0 + 0 + \cdots,$$

其结果无疑是 0，如果将其写作

$$1 + [(-1)+1] + [(-1)+1] + \cdots = 1 + 0 + 0 + \cdots$$

其结果则是 1，因此两个结果完全不同. 由此提出这样的问题："无穷个数相加"是否存在"和"？如果存在，"和"等于什么？我们对有限和的认识是无法完全移植到"无穷和"的，需要建立"无穷和"自身理论.

> **定义 4.1.1** 把数列 $\{a_n\}$ 的各项依次用加号连接所得的表达式
>
> $$\sum_{n=1}^{\infty} a_n = a_1 + a_2 + \cdots + a_n + \cdots$$
>
> 称为常数项无穷级数，简称**常数项级数**或**级数**，记作 $\sum\limits_{n=1}^{\infty} a_n$，其中 a_n 称为级数 $\sum\limits_{n=1}^{\infty} a_n$ 的**通项**或**一般项**.

上述级数的定义只是形式上的，它并没有说无穷多个数如何相加. 众所周知，有限多个数相加，结果是定数，称为和. 无穷多个数相加，它有没有"和"呢？联系上述关于计算圆面积的例子，我们可以从有限项的和 $A_n = \sum\limits_{k=1}^{n} a_k$ 出发，不断增加，最后变成无穷项相加 $\sum\limits_{n=1}^{\infty} a_n$，这说明级数的形成经历了一个从有限到无限的过

程，即级数是由有限项累加经过极限过程转化为无限项累加的.
根据这个思想，我们引进级数的部分和数列的定义以及级数收敛
和发散的概念.

> **定义 4.1.2** 称级数 $\sum\limits_{n=1}^{\infty} a_n$ 的前 n 项和 $s_n = \sum\limits_{k=1}^{n} a_k$ 为它的**部分和**，
> 称数列 $\{s_n\}$ 为它的**部分和数列**.

> **定义 4.1.3** 若部分和数列 $\{s_n\}$ 有极限 s，即 $\lim\limits_{n\to\infty} s_n = s$，则称级数
> $\sum\limits_{n=1}^{\infty} a_n$ **收敛**，称 s 为 $\sum\limits_{n=1}^{\infty} a_n$ 的和，即
> $$s = a_1 + a_2 + \cdots + a_n + \cdots.$$

称差值 $r_n = s - s_n$ 为级数 $\sum\limits_{n=1}^{\infty} a_n$ 的余项，显然 $\lim\limits_{n\to\infty} r_n = 0$.

若 $\lim\limits_{n\to\infty} s_n$ 不存在（包括无穷），则称级数 $\sum\limits_{n=1}^{\infty} a_n$ **发散**.

由定义 4.1.3 可知：级数 $\sum\limits_{n=1}^{\infty} a_n$ 收敛与发散是借助于级数的部分和数列的收敛和发散定义的. 于是，讨论级数的各种性质都是借助于讨论该级数的部分和数列进行的.

例 4.1.1 讨论等比级数（也称为几何级数）$\sum\limits_{n=0}^{\infty} aq^n = a + aq + aq^2 + \cdots + aq^n + \cdots$ 的敛散性，若收敛，求出它的和，其中 $a \neq 0$.

解 此等比级数的公比为 q，

（1）若 $q \neq 1$，则部分和

$$s_n = \sum_{k=0}^{n-1} aq^k = a + aq + \cdots + aq^{n-1} = \frac{a(1-q^n)}{1-q} = \frac{a}{1-q} - \frac{aq^n}{1-q}.$$

当 $|q| < 1$ 时，有 $\lim\limits_{n\to\infty} s_n = \frac{a}{1-q}$，从而级数 $\sum\limits_{n=0}^{\infty} aq^n$ 收敛，其和为

$$s = \frac{a}{1-q}.$$

当 $|q| > 1$ 时，有 $\lim\limits_{n\to\infty} s_n = \infty$，从而级数 $\sum\limits_{n=0}^{\infty} aq^n$ 发散.

（2）若 $q = 1$，则部分和 $s_n = na$，有 $\lim\limits_{n\to\infty} s_n = \infty$，从而级数 $\sum\limits_{n=0}^{\infty} aq^n$ 发散.

（3）若 $q = -1$，则部分和 $s_n = \begin{cases} a, & n = 2k+1 \\ 0, & n = 2k, \end{cases}$，因此 $\lim\limits_{n\to\infty} s_n$ 不存在，

从而 $\sum\limits_{n=0}^{\infty} aq^n$ 发散.

综上，得到等比级数 $\sum\limits_{n=0}^{\infty} aq^n$ 的敛散性

$$\sum_{n=0}^{\infty} aq^n = \begin{cases} \dfrac{a}{1-q}, & |q| < 1, \\ 发散, & |q| \geqslant 1. \end{cases}$$

例 4.1.2 讨论级数 $\sum\limits_{n=1}^{\infty} \dfrac{1}{n(n+1)} = \dfrac{1}{1\times 2} + \dfrac{1}{2\times 3} + \cdots + \dfrac{1}{n(n+1)} + \cdots$ 的敛散性，若收敛，求出它的和.

解 由于级数 $\sum\limits_{n=1}^{\infty} \dfrac{1}{n(n+1)}$ 的通项为

$$u_n = \frac{1}{n(n+1)} = \frac{1}{n} - \frac{1}{n+1},$$

因此部分和为

$$s_n = \frac{1}{1} - \frac{1}{2} + \frac{1}{2} - \frac{1}{3} + \cdots + \frac{1}{n} - \frac{1}{n+1} = 1 - \frac{1}{n+1},$$

从而

$$\lim_{n\to\infty} s_n = \lim_{n\to\infty}\left(1 - \frac{1}{n+1}\right) = 1,$$

则级数 $\sum\limits_{n=1}^{\infty} \dfrac{1}{n(n+1)}$ 收敛，其和为 1.

例 4.1.3 讨论调和级数 $\sum\limits_{n=1}^{\infty} \dfrac{1}{n}$ 的敛散性，若收敛，求出它的和.

解 考虑级数 $\sum\limits_{n=1}^{\infty} \dfrac{1}{n}$ 的部分和，有

$s_1 = 1,$

$s_2 = 1 + \dfrac{1}{2},$

$s_{2^2} = s_4 = 1 + \dfrac{1}{2} + \left(\dfrac{1}{3} + \dfrac{1}{4}\right) > 1 + \dfrac{1}{2} + \left(\dfrac{1}{4} + \dfrac{1}{4}\right) = 1 + \dfrac{1}{2} + \dfrac{1}{2} = 1 + \dfrac{2}{2},$

$s_{2^3} = s_8 = 1 + \dfrac{1}{2} + \left(\dfrac{1}{3} + \dfrac{1}{4}\right) + \left(\dfrac{1}{5} + \dfrac{1}{6} + \dfrac{1}{7} + \dfrac{1}{8}\right)$

$$> 1 + \frac{1}{2} + \left(\frac{1}{4} + \frac{1}{4}\right) + \left(\frac{1}{8} + \frac{1}{8} + \frac{1}{8} + \frac{1}{8}\right)$$

$$= 1 + \frac{1}{2} + \frac{1}{2} + \frac{1}{2} = 1 + \frac{3}{2},$$

$\cdots\cdots,$

以此类推可以得到

$$s_{2^n} \geqslant 1 + \frac{n}{2}.$$

由于

$$\lim_{n \to \infty} \left(1 + \frac{n}{2} \right) = \infty,$$

故 $\lim\limits_{n \to \infty} s_{2^n} = \infty$，又 $\{s_{2^n}\}$ 是 $\{s_n\}$ 的一个子数列，从而 $\lim\limits_{n \to \infty} s_n = \infty$，因此级数 $\sum\limits_{n=1}^{\infty} \dfrac{1}{n}$ 发散.

我们也可以用反证法来证明调和级数 $\sum\limits_{n=1}^{\infty} \dfrac{1}{n}$ 发散：假设级数 $\sum\limits_{n=1}^{\infty} \dfrac{1}{n}$ 收敛于 s，即其部分和 s_n 满足 $\lim\limits_{n \to \infty} s_n = s$，也有 $\lim\limits_{n \to \infty} s_{2n} = s$，从而

$$\lim_{n \to \infty} (s_{2n} - s_n) = 0.$$

但

$$s_{2n} - s_n = \frac{1}{n+1} + \frac{1}{n+2} + \cdots + \frac{1}{2n} > \frac{1}{2n} + \frac{1}{2n} + \cdots + \frac{1}{2n} = \frac{1}{2},$$

这与 $\lim\limits_{n \to \infty} (s_{2n} - s_n) = 0$ 矛盾，从而调和级数 $\sum\limits_{n=1}^{\infty} \dfrac{1}{n}$ 发散.

4.1.2 收敛级数的基本性质

性质 1　若级数 $\sum\limits_{n=1}^{\infty} a_n$ 收敛于和 s，则级数 $\sum\limits_{n=1}^{\infty} k a_n$ 也收敛，其和为 ks，其中 $k \in \mathbf{R}$.

证　记级数 $\sum\limits_{n=1}^{\infty} a_n$ 与 $\sum\limits_{n=1}^{\infty} k a_n$ 的部分和分别为 s_n 和 σ_n，则有

$$\sigma_n = k a_1 + k a_2 + \cdots + k a_n = k s_n,$$

从而有

$$\lim_{n \to \infty} \sigma_n = \lim_{n \to \infty} k s_n = k \lim_{n \to \infty} s_n = ks,$$

即级数 $\sum\limits_{n=1}^{\infty} k a_n$ 也收敛，且其和为 ks.

注意：若 $k \neq 0$，由 $\sigma_n = k s_n$ 可知，级数 $\sum\limits_{n=1}^{\infty} a_n$ 与 $\sum\limits_{n=1}^{\infty} k a_n$ 的敛散性是相同的，即级数的每一项乘以同一个不为零的常数后，得到的级数与原级数具有相同的敛散性.

> **性质2** 若级数 $\sum\limits_{n=1}^{\infty} a_n$ 与 $\sum\limits_{n=1}^{\infty} b_n$ 都收敛，则级数 $\sum\limits_{n=1}^{\infty} (a_n \pm b_n)$ 也收敛，且
> $$\sum_{n=1}^{\infty} (a_n \pm b_n) = \sum_{n=1}^{\infty} a_n \pm \sum_{n=1}^{\infty} b_n.$$

性质2说明两个收敛级数可以逐项相加或相减.

证 记级数 $\sum\limits_{n=1}^{\infty} a_n$，$\sum\limits_{n=1}^{\infty} b_n$ 以及 $\sum\limits_{n=1}^{\infty} (a_n \pm b_n)$ 的部分和分别为 s_n，σ_n 与 τ_n，则有

$$\tau_n = (a_1 \pm b_1) + (a_2 \pm b_2) + \cdots + (a_n \pm b_n)$$
$$= (a_1 + a_2 + \cdots + a_n) \pm (b_1 + b_2 + \cdots + b_n) = s_n \pm \sigma_n,$$

从而有

$$\lim_{n \to \infty} \tau_n = \lim_{n \to \infty} (s_n \pm \sigma_n) = s \pm \sigma,$$

则级数 $\sum\limits_{n=1}^{\infty} (a_n \pm b_n)$ 收敛，其和为 $s \pm \sigma$.

> **性质3** 在级数 $\sum\limits_{n=1}^{\infty} a_n$ 前去掉、加上或改变有限项，不改变级数的敛散性.

思考

若 $\sum\limits_{n=1}^{\infty} u_n$ 收敛，$\sum\limits_{n=1}^{\infty} v_n$ 发散，则 $\sum\limits_{n=1}^{\infty} (u_n + v_n)$ 必定发散. 这一命题是否正确？若正确加以证明，否则请举出反例.

证 记级数

$$\sum_{n=1}^{\infty} a_n = a_1 + a_2 + \cdots + a_n + \cdots$$

的部分和为 s_n，去掉前 k 项得到的级数

$$a_{k+1} + a_{k+2} + \cdots + a_{k+n} + \cdots$$

的部分和为 σ_n，有

$$\sigma_n = a_{k+1} + a_{k+2} + \cdots + a_{k+n} = s_{k+n} - s_k,$$

由于 s_k 是常数，所以数列 $\{\sigma_n\}$ 与 $\{s_{k+n}\}$ 敛散性相同，因此 $\sum\limits_{n=1}^{\infty} a_n$ 敛散性不变. 特别地，当 $\lim\limits_{n \to \infty} s_n = s$ 时，$\lim\limits_{n \to \infty} s_{n+k} = s$，相应地

$$\lim_{n \to \infty} \sigma_n = \lim_{n \to \infty} (s_{n+k} - s_k) = s - s_k.$$

类似地，可以证明在级数前加上或改变有限项后得到的级数敛散性不变. 注意，收敛级数前去掉、加上或改变有限项后得到的级数的和要改变.

> **性质4** 若级数 $\sum\limits_{n=1}^{\infty} a_n$ 收敛，则对该级数任意加括号后所形成的级数

$$\sum_{n=1}^{\infty} b_n = (a_1 + \cdots + a_{i_1}) + (a_{i_1+1} + \cdots + a_{i_2}) + \cdots + (a_{i_{n-1}+1} + \cdots + a_{i_n}) + \cdots$$

仍收敛.

证　记级数 $\sum\limits_{n=1}^{\infty} a_n$ 与 $\sum\limits_{n=1}^{\infty} b_n$ 的部分和分别为 s_n 与 σ_n, 有

$$\sigma_1 = a_1 + \cdots + a_{i_1} = s_{i_1},$$
$$\sigma_2 = (a_1 + \cdots + a_{i_1}) + (a_{i_1+1} + \cdots + a_{i_2}) = s_{i_2},$$
$$\vdots$$
$$\sigma_n = (a_1 + \cdots + a_{i_1}) + (a_{i_1+1} + \cdots + a_{i_2}) + \cdots + (a_{i_{n-1}+1} + \cdots + a_{i_n}) = s_{i_n},$$
$$\vdots$$

易知 $\{\sigma_n\}$ 实际上是 $\{s_n\}$ 的一个子数列, 故由 $\{s_n\}$ 的收敛性立即推得 $\{\sigma_n\}$ 也收敛, 且两数列极限值相同.

注　收敛级数去掉括号后得到的级数未必收敛. 例如, 级数

$$\sum_{n=1}^{\infty} (1-1) = (1-1) + \cdots + (1-1) + \cdots$$

收敛于 0, 但去掉括号后所形成的级数

$$\sum_{n=1}^{\infty} (-1)^{n+1} = 1 - 1 + 1 - 1 + \cdots + (-1)^{n+1} + \cdots$$

却发散. 因为 $\sum\limits_{n=1}^{\infty} (-1)^{n+1}$ 的部分和

$$s_n = \begin{cases} 0, & n = 2k+1, \\ 1, & n = 2k. \end{cases}$$

$\lim\limits_{n \to \infty} s_n$ 不存在. 由性质 4.1.4 立即可得如下推论:

推论　若级数 $\sum\limits_{n=1}^{\infty} a_n$ 任意加括号后所形成的级数 $\sum\limits_{n=1}^{\infty} b_n$ 发散, 则原级数 $\sum\limits_{n=1}^{\infty} a_n$ 也发散.

性质 5　若级数 $\sum\limits_{n=1}^{\infty} a_n$ 收敛, 则其一般项趋于零, 即 $\lim\limits_{n \to \infty} a_n = 0$.

证　因为级数 $\sum\limits_{n=1}^{\infty} a_n$ 收敛, 所以 s_n, s_{n-1} 的极限存在且相等, 由于 $a_n = s_n - s_{n-1}$, 从而有

$$\lim_{n \to \infty} a_n = \lim_{n \to \infty} (s_n - s_{n-1}) = 0.$$

性质 5 可以简单地表述为: 收敛级数的一般项必趋于零.

> **推论**   若级数 $\sum_{n=1}^{\infty} a_n$ 满足 $\lim_{n\to\infty} a_n \neq 0$，则 $\sum_{n=1}^{\infty} a_n$ 发散.

这是判断级数发散的一种有用的方法，例如 $\sum_{n=1}^{\infty} n$ 满足 $\lim_{n\to\infty} n = \infty$，

$\sum_{n=1}^{\infty} (-1)^{n+1}$ 满足 $\lim_{n\to\infty} (-1)^{n+1}$ 不存在，$\sum_{n=1}^{\infty} \dfrac{n}{100n+1}$ 满足 $\lim_{n\to\infty} \dfrac{n}{100n+1} =$

$\dfrac{1}{100}$，这三个级数都是发散的. 注意，一般项趋于零的级数不一

定收敛. 例如级数 $\sum_{n=1}^{\infty} \dfrac{1}{n}$ 与 $\sum_{n=1}^{\infty} (-1)^{n+1} \dfrac{1}{n}$ 的一般项都趋于零，但二

者的敛散性完全相反，前者发散（见例 4.1.3），后者收敛（后面

说明）.

习题 4.1

1. 给定级数 $\sum_{n=1}^{\infty} \left(\dfrac{9}{10} \right)^n$.

（1）计算前 n 项部分和 s_n；

（2）证明级数是收敛的，并求其和.

2. 给定级数 $1+2+3+\cdots+n+\cdots$.

（1）写出此级数的一般项 a_n；

（2）计算前 n 项部分和 s_n 及前 $2n+1$ 项部分和 s_{2n+1}；

（3）问数列 s_{2n} 是否为 s_n 的子列？

（4）判断此级数是否收敛？

3. 利用级数的性质与级数收敛的必要条件判断下列级数的收敛性：

（1）$\sum_{n=1}^{\infty} u_n (u_n = 0.001，n = 1，2，\cdots)$；

（2）$\sum_{n=1}^{\infty} 100 \left(\dfrac{1}{2} \right)^n$；　　（3）$\sum_{n=1}^{\infty} \sqrt{\dfrac{n}{n+1}}$.

4. 求 $\sum_{n=1}^{\infty} \dfrac{1}{(2n-1)(2n+1)}$ 的和.

5. 求 $\sum_{n=1}^{\infty} \dfrac{1}{n(n+1)(n+2)}$ 的和.

4.2   正项级数

要判断级数是否收敛，根据定义可由它的部分和数列有无极限直接来判断. 但是，很多部分和数列的极限通常都是很难求得的. 因此需要建立间接方法判断级数的收敛性，称之为审敛法.

4.2.1   正项级数的定义

> **定义 4.2.1**   每项都是非负（即 $a_n \geq 0$）的级数称为正项级数.

正项级数的部分和

$$s_n = \sum_{k=1}^{n} a_k \, (n = 1, 2, \cdots)$$

有 $s_n - s_{n-1} = a_n \geq 0$，所以部分和数列 $\{s_n\}$ 是单调增加数列，于是有下列两种情况：

（1）当 $n \to \infty$ 时，$s_n \to +\infty$，此时级数发散；

（2）若 $\{s_n\}$ 有上界，则由单调数列的极限存在准则，$\{s_n\}$ 必收敛，从而正项级数 $\sum_{n=1}^{\infty} a_n$ 收敛. 由此得到以下判断正项级数收敛的基本定理.

> **定理 4.2.1**　正项级数 $\sum_{n=1}^{\infty} a_n$ 收敛 $\Leftrightarrow$ 它的部分和数列 $\{s_n\}$ 有界.

由此定理立即可以得到正项级数 $\sum_{n=1}^{\infty} a_n$ 发散的充要条件：

> **推论**　正项级数 $\sum_{n=1}^{\infty} a_n$ 发散 $\Leftrightarrow$ 它的部分和数列 $\{s_n\}$ 无界，即 $\lim\limits_{n\to\infty} s_n = \infty$.

以定理 4.2.1 为基础，可以得到几种判断正项级数敛散性的方法.

4.2.2　正项级数的审敛法

1. 比较审敛法

> **定理 4.2.2**　设有两正项级数 $\sum_{n=1}^{\infty} a_n$ 和 $\sum_{n=1}^{\infty} b_n$，$\exists N \in \mathbf{N}_+$，$\forall n \geq N$，有 $a_n \leq k b_n$，其中 k 是正常数.
>
> （1）若级数 $\sum_{n=1}^{\infty} b_n$ 收敛，则级数 $\sum_{n=1}^{\infty} a_n$ 必收敛；
>
> （2）若级数 $\sum_{n=1}^{\infty} a_n$ 发散，则级数 $\sum_{n=1}^{\infty} b_n$ 必发散.

证　设 $s_n = \sum_{i=1}^{n} a_n$，$\sigma_n = \sum_{i=1}^{n} b_n$.

（1）设 $\sigma_n \to \sigma (n \to \infty)$，因为 σ_n 是递增的，所以对一切 n 有 $\sigma_n \leq \sigma$，由已知条件，对一切 n 又有 $s_n \leq k\sigma_n \leq k\sigma$，所以部分和数列 $\{s_n\}$ 单调递增有上界，从而由定理 4.2.1 知 $\sum_{n=1}^{\infty} a_n$ 收敛.

（2）反证法：假设级数 $\sum\limits_{n=1}^{\infty} b_n$ 收敛，由（1）知 $\sum\limits_{n=1}^{\infty} a_n$ 也收敛，出现矛盾，故 $\sum\limits_{n=1}^{\infty} b_n$ 必发散.

例 4.2.1 讨论 $p-$级数（广义调和级数）$\sum\limits_{n=1}^{\infty} \dfrac{1}{n^p}(p>0)$ 的敛散性.

解 （1）当 $0<p\leqslant 1$ 时，有 $\dfrac{1}{n} \leqslant \dfrac{1}{n^p}$，而调和级数 $\sum\limits_{n=1}^{\infty} \dfrac{1}{n}$ 发散，故 $\sum\limits_{n=1}^{\infty} \dfrac{1}{n^p}$ 发散.

（2）当 $p>1$ 时，顺次把 $p-$级数 $\sum\limits_{n=1}^{\infty} \dfrac{1}{n^p}$ 的一项、两项、四项、八项、…括在一起得到新的级数

$$1+\left(\frac{1}{2^p}+\frac{1}{3^p}\right)+\left(\frac{1}{4^p}+\cdots+\frac{1}{7^p}\right)+\left(\frac{1}{8^p}+\cdots+\frac{1}{15^p}\right)+\cdots. \quad (4.2.1)$$

级数（4.2.1）的各项显然小于级数

$$1+\left(\frac{1}{2^p}+\frac{1}{2^p}\right)+\left(\frac{1}{4^p}+\cdots+\frac{1}{4^p}\right)+\left(\frac{1}{8^p}+\cdots+\frac{1}{8^p}\right)+\cdots$$

$$=1+\frac{1}{2^{p-1}}+\left(\frac{1}{2^{p-1}}\right)^2+\left(\frac{1}{2^{p-1}}\right)^3+\cdots \quad (4.2.2)$$

对应的各项，而级数（4.2.2）为公比 $\dfrac{1}{2^{p-1}}<1$ 的几何级数，该级数收敛，从而当 $p>1$ 时，级数（4.2.1）也收敛，从而其部分和数列也收敛，因而该部分和数列有界，由 $p-$级数 $\sum\limits_{n=1}^{\infty} \dfrac{1}{n^p}$ 与级数（4.2.1）的关系，可知 $p-$级数 $\sum\limits_{n=1}^{\infty} \dfrac{1}{n^p}$ 的部分和数列也有界，因此由定理 4.2.1 知，此时的 $p-$级数 $\sum\limits_{n=1}^{\infty} \dfrac{1}{n^p}$ 是收敛的.

综上，$p-$级数 $\sum\limits_{n=1}^{\infty} \dfrac{1}{n^p}$ 当 $p>1$ 时收敛，当 $0<p\leqslant 1$ 的发散. 由此可知，级数 $\sum\limits_{n=1}^{\infty} \dfrac{1}{n^2}$，$\sum\limits_{n=1}^{\infty} \dfrac{1}{n\sqrt{n}}$ 皆收敛. 而级数 $\sum\limits_{n=1}^{\infty} \dfrac{1}{\sqrt{n}}$ 发散.

例 4.2.2 讨论级数 $\sum\limits_{n=1}^{\infty} \dfrac{1}{\sqrt{4n^2-3}}$ 的敛散性.

解 由于

$$\frac{1}{\sqrt{4n^2-3}}>\frac{1}{2n}(n=1,2,\cdots),$$

而级数 $\sum\limits_{n=1}^{\infty}\frac{1}{2n}$ 是调和级数, 发散. 故级数 $\sum\limits_{n=1}^{\infty}\frac{1}{\sqrt{4n^2-3}}$ 发散.

但是, 对于级数 $\sum\limits_{n=1}^{\infty}\frac{1}{\sqrt{4n^2+25}}$, 利用 $\sum\limits_{n=1}^{\infty}\frac{1}{\sqrt{4n^2+25}}<\frac{1}{2n}$, 则不能

判别其敛散性. 这时我们可以根据 $\sum\limits_{n=1}^{\infty}\frac{1}{\sqrt{4n^2+25}}>\frac{1}{3n}(n=3,4\cdots)$ 来

判别它发散. 然而在更一般的情况下, 将会在讨论不等式上花费较多的精力, 甚至产生很多困难. 从前面的讨论中, 我们已经知道, 以 $\sum\limits_{n=1}^{\infty}\frac{1}{\sqrt{4n^2-3}}$, $\sum\limits_{n=1}^{\infty}\frac{1}{\sqrt{4n^2+25}}$ 及 $\frac{1}{n}$ 为通项构成的级数都是发散的, 而三者在 $n\to\infty$ 时是等价或同阶的无穷小量. 因此, 人们会想到: 可否通过比较级数通项的阶来判断其敛散性? 下面的定理对这个问题做出了肯定的回答.

> **推论(比较审敛法的极限形式)**　设正项级数 $\sum\limits_{n=1}^{\infty}a_n$ 和 $\sum\limits_{n=1}^{\infty}b_n(b_n>0)$ 满足
>
> $$\lim_{n\to\infty}\frac{a_n}{b_n}=l(0\leqslant l\leqslant\infty).$$
>
> (1) 若 $0<l<+\infty$, 则 $\sum\limits_{n=1}^{\infty}b_n$ 与 $\sum\limits_{n=1}^{\infty}a_n$ 敛散性相同.
>
> (2) 若 $l=0$, 且 $\sum\limits_{n=1}^{\infty}b_n$ 收敛, 则 $\sum\limits_{n=1}^{\infty}a_n$ 收敛.
>
> (3) 若 $l=+\infty$, 且 $\sum\limits_{n=1}^{\infty}b_n$ 发散, 则 $\sum\limits_{n=1}^{\infty}a_n$ 发散.

证　(1) 由 $\lim\limits_{n\to\infty}\frac{a_n}{b_n}=l$ 知, 对 $\varepsilon=\frac{l}{2}>0$, $\exists N\in\mathbf{N}_+$, $\forall n>N$, 有

$$\left|\frac{a_n}{b_n}-l\right|<\varepsilon=\frac{l}{2} \text{或} \frac{l}{2}<\frac{a_n}{b_n}<\frac{3l}{2},$$

即 $\frac{l}{2}b_n<a_n<\frac{3l}{2}b_n$. 若 $\sum\limits_{n=1}^{\infty}b_n$ 收敛, 由于 $a_n<\frac{3l}{2}b_n$, 从而 $\sum\limits_{n=1}^{\infty}a_n$ 收敛.

若 $\sum\limits_{n=1}^{\infty}b_n$ 发散, 由于 $a_n>\frac{l}{2}b_n$, 从而 $\sum\limits_{n=1}^{\infty}a_n$ 发散.

(2) 由 $\lim\limits_{n\to\infty}\frac{a_n}{b_n}=0$ 知, 对 $\varepsilon=\frac{1}{2}$, $\exists N\in\mathbf{N}$, $\forall n>N$, 有 $\left|\frac{a_n}{b_n}\right|<\frac{1}{2}$,

即 $a_n < \dfrac{1}{2} b_n$. 若 $\displaystyle\sum_{n=1}^{\infty} b_n$ 收敛，则由定理 4.2.2 知 $\displaystyle\sum_{n=1}^{\infty} a_n$ 收敛.

（3）由 $\displaystyle\lim_{n\to\infty}\dfrac{a_n}{b_n}=\infty$ 知，$\displaystyle\lim_{n\to\infty}\dfrac{b_n}{a_n}=0$，假设 $\displaystyle\sum_{n=1}^{\infty} a_n$ 收敛，则由（2）知

$\displaystyle\sum_{n=1}^{\infty} b_n$ 收敛，与已知条件矛盾，故 $\displaystyle\sum_{n=1}^{\infty} a_n$ 发散.

例 4.2.3 讨论级数 $\displaystyle\sum_{n=1}^{\infty}\dfrac{1}{\sqrt{4n^3-n}}$ 的敛散性.

解 因为

$$\lim_{n\to\infty}\frac{\dfrac{1}{\sqrt{4n^3-n}}}{\dfrac{1}{n^{\frac{3}{2}}}}=\frac{1}{2},$$

又 $p=\dfrac{3}{2}$ 的 p-级数收敛，故级数 $\displaystyle\sum_{n=1}^{\infty}\dfrac{1}{\sqrt{4n^3-n}}$ 收敛.

使用比较审敛法判断级数敛散性时，需要事先选好一个敛散性已知的级数作为比较的标准，最常选定的比较标准是几何级数和 p-级数. 从这两个比较标准出发，可以得到实用上很方便的两种审敛法——比值审敛法和根值审敛法.

2. 比值审敛法（达朗贝尔判别法）

定理 4.2.3 设正项级数 $\displaystyle\sum_{n=1}^{\infty} a_n (a_n>0)$ 满足 $\displaystyle\lim_{n\to\infty}\dfrac{a_{n+1}}{a_n}=\rho$.

（1）若 $\rho<1$，则 $\displaystyle\sum_{n=1}^{\infty} a_n$ 收敛.

（2）若 $\rho>1$ 或 $\rho=+\infty$，则 $\displaystyle\sum_{n=1}^{\infty} a_n$ 发散.

（3）若 $\rho=1$，则 $\displaystyle\sum_{n=1}^{\infty} a_n$ 敛散性待定.

证 （1）由于 $\displaystyle\lim_{n\to\infty}\dfrac{a_{n+1}}{a_n}=\rho<1$，可以取 $\varepsilon>0$，使 $\rho+\varepsilon=r<1$，存在正整数 N，当 $n\geqslant N$ 时，有

$$\left|\frac{a_{n+1}}{a_n}-\rho\right|<\varepsilon \text{ 或 } \frac{a_{n+1}}{a_n}<\rho+\varepsilon=r,$$

即 $a_{n+1}<ra_n$. 从而

$$a_{N+1}<ra_N, a_{N+2}<ra_{N+1}<r^2 a_N, \cdots, a_{N+k}<r^k a_N, \cdots.$$

由于级数 $\sum\limits_{k=1}^{\infty} r^k a_N$ 收敛，于是根据比较判别法的推论知 $\sum\limits_{n=1}^{\infty} a_n$ 收敛.

（2）由于 $\lim\limits_{n\to\infty} \dfrac{a_{n+1}}{a_n} = \rho > 1$，取 $\varepsilon > 0$，使 $\rho - \varepsilon > 1$，存在正整数 N，当 $n \geqslant N$ 时，有

$$\left| \frac{a_{n+1}}{a_n} - \rho \right| < \varepsilon, \text{或} \frac{a_{n+1}}{a_n} > \rho - \varepsilon > 1,$$

即 $a_{n+1} > a_n$，即数列 $\{a_n\}$ 是单调增加的，从而 $\lim\limits_{n\to\infty} a_n \neq 0$，因此 $\sum\limits_{n=1}^{\infty} a_n$ 发散.

（3）当 $\rho = 1$ 时，$\sum\limits_{n=1}^{\infty} a_n$ 可能收敛也可能发散，例如：广义调和级数 $\sum\limits_{n=1}^{\infty} \dfrac{1}{n^p}$ 满足

$$\lim_{n\to\infty} \frac{a_{n+1}}{a_n} = \lim_{n\to\infty} \frac{1/(n+1)^p}{1/n^p} = \lim_{n\to\infty} \left(\frac{n}{n+1} \right)^p = 1,$$

但当 $p > 1$ 时 $\sum\limits_{n=1}^{\infty} \dfrac{1}{n^p}$ 收敛，当 $0 < p \leqslant 1$ 时 $\sum\limits_{n=1}^{\infty} \dfrac{1}{n^p}$ 发散.

例 4.2.4 讨论级数 $\sum\limits_{n=1}^{\infty} \dfrac{2n-1}{2^n}$ 的敛散性.

解 由于

$$\lim_{n\to\infty} \frac{a_{n+1}}{a_n} = \lim_{n\to\infty} \frac{\dfrac{2(n+1)-1}{2^{n+1}}}{\dfrac{2n-1}{2^n}} = \frac{2n+1}{2n-1} \cdot \frac{1}{2} = \frac{1}{2} < 1,$$

故级数 $\sum\limits_{n=1}^{\infty} \dfrac{2n-1}{2^n}$ 收敛.

例 4.2.5 讨论级数 $\sum\limits_{n=1}^{\infty} \dfrac{n^n}{n!}$ 的敛散性.

解 由于 $a_n = \dfrac{n^n}{n!}$，所以

$$\lim_{n\to\infty} \frac{a_{n+1}}{a_n} = \lim_{n\to\infty} \frac{(n+1)^{n+1} \cdot n!}{n^n \cdot (n+1)!} = \lim_{n\to\infty} \left(1 + \frac{1}{n} \right)^n = e > 1,$$

故级数 $\sum\limits_{n=1}^{\infty} \dfrac{n^n}{n!}$ 发散.

例 4.2.6   判定级数 $\sum\limits_{n=1}^{\infty}\dfrac{2n+1}{n^2+1}$ 的敛散性.

解   由于 $a_n=\dfrac{2n+1}{n^2+1}$, 所以

$$\lim_{n\to\infty}\frac{a_{n+1}}{a_n}=\lim_{n\to\infty}\frac{\dfrac{2(n+1)+1}{(n+1)^2+1}}{\dfrac{2n+1}{n^2+1}}=1,$$

故比值判别法失效.

又由于当 $n\to\infty$ 时, $a_n=\dfrac{2n+1}{n^2+1}$ 与 $\dfrac{1}{n}$ 为同阶无穷小量, 令 $v_n=\dfrac{1}{n}$, 则 $\sum\limits_{n=1}^{\infty}v_n=\sum\limits_{n=1}^{\infty}\dfrac{1}{n}$ 为发散级数. 由于

$$\lim_{n\to\infty}\frac{u_n}{v_n}=\lim_{n\to\infty}\frac{\dfrac{2n+1}{n^2+1}}{\dfrac{1}{n}}=2,$$

由比较审敛法的极限形式可知 $\sum\limits_{n=1}^{\infty}\dfrac{2n+1}{n^2+1}$ 发散.

3. 根值审敛法(柯西判别法)

> **定理 4.2.4**   设正项级数 $\sum\limits_{n=1}^{\infty}a_n$ 满足 $\lim\limits_{n\to\infty}\sqrt[n]{a_n}=\rho$.
>
> (1) 若 $\rho<1$, 则 $\sum\limits_{n=1}^{\infty}a_n$ 收敛.
>
> (2) 若 $\rho>1$ 或 $\rho=+\infty$, 则 $\sum\limits_{n=1}^{\infty}a_n$ 发散.
>
> (3) 若 $\rho=1$, 则 $\sum\limits_{n=1}^{\infty}a_n$ 敛散性待定.

证   (1) 由于 $\lim\limits_{n\to\infty}\sqrt[n]{a_n}=\rho<1$, 可以取 $\varepsilon>0$, 使 $\rho+\varepsilon=r<1$, 存在正整数 N, 当 $n\geqslant N$ 时, 有

$$|\sqrt[n]{a_n}-\rho|<\varepsilon, \ \text{或} \ \sqrt[n]{a_n}<\rho+\varepsilon=r,$$

即 $a_n<r^n$. 由于级数 $\sum\limits_{n=1}^{\infty}r^n$ 是公比 $r<1$ 的几何级数, 该级数收敛, 根据比较审敛法知 $\sum\limits_{n=1}^{\infty}a_n$ 收敛.

(2) 由 $\lim\limits_{n\to\infty}\sqrt[n]{a_n}=\rho>1$, 取 $\varepsilon>0$, 使 $\rho-\varepsilon>1$, 存在正整数 N, 当 $n\geqslant N$ 时, 有 $|\sqrt[n]{a_n}-\rho|<\varepsilon$, 或 $\sqrt[n]{a_n}>\rho-\varepsilon>1$, 即 $a_n>1$, 从而 $\lim\limits_{n\to\infty}a_n\neq0$,

因此 $\sum\limits_{n=1}^{\infty} a_n$ 发散.

（3）当 $\rho=1$ 时，$\sum\limits_{n=1}^{\infty} a_n$ 可能收敛也可能发散，例如：广义调

和级数 $\sum\limits_{n=1}^{\infty} \dfrac{1}{n^p}$ 满足

$$\lim_{n\to\infty} \sqrt[n]{a_n} = \lim_{n\to\infty}\left(\frac{1}{\sqrt[n]{n}}\right)^p = 1,$$

但当 $p>1$ 时 $\sum\limits_{n=1}^{\infty} \dfrac{1}{n^p}$ 收敛，当 $0<p\leqslant 1$ 时 $\sum\limits_{n=1}^{\infty} \dfrac{1}{n^p}$ 发散.

探究

比值审敛法和根值审敛法相对于比较审敛法有什么优势？

例 4.2.7　判断级数 $\sum\limits_{n=1}^{\infty}\left(\dfrac{2n-1}{3n+1}\right)^n$ 的敛散性.

解　由于

$$\lim_{n\to\infty}\sqrt[n]{a_n} = \lim_{n\to\infty}\sqrt[n]{\left(\frac{2n-1}{3n+1}\right)^n} = \lim_{n\to\infty}\frac{2n-1}{3n+1} = \frac{2}{3}<1,$$

从而由定理 4.2.4 知级数 $\sum\limits_{n=1}^{\infty}\left(\dfrac{2n-1}{3n+1}\right)^n$ 收敛.

例 4.2.8　判断级数 $\sum\limits_{n=1}^{\infty}\dfrac{1}{\left[\ln(1+n)\right]^n}$ 的敛散性.

解　由于

$$\lim_{n\to\infty}\sqrt[n]{a_n} = \lim_{n\to\infty}\sqrt[n]{\frac{1}{\left[\ln(1+n)\right]^n}} = \lim_{n\to\infty}\frac{1}{\ln(1+n)} = 0<1,$$

从而由定理 4.2.4 知级数 $\sum\limits_{n=1}^{\infty}\dfrac{1}{\left[\ln(1+n)\right]^n}$ 收敛.

习题 4.2

1. 设 $\sum\limits_{n=1}^{\infty} u_n$ 与 $\sum\limits_{n=1}^{\infty} v_n$ 都是正项级数，且 $u_n\leqslant v_n(n=1,2,\cdots)$，则下列命题正确的是（　　）.

A. 若 $\sum\limits_{n=1}^{\infty} u_n$ 收敛，则 $\sum\limits_{n=1}^{\infty} v_n$ 收敛

B. 若 $\sum\limits_{n=1}^{\infty} u_n$ 发散，则 $\sum\limits_{n=1}^{\infty} v_n$ 发散

C. 若 $\sum\limits_{n=1}^{\infty} v_n$ 发散，则 $\sum\limits_{n=1}^{\infty} u_n$ 发散

D. 若 $\sum\limits_{n=1}^{\infty} v_n$ 收敛，则 $\sum\limits_{n=1}^{\infty} u_n$ 发散

2. 判断下列级数的敛散性：

（1）$\sum\limits_{n=1}^{\infty}\dfrac{2}{5n+3}$；　　（2）$\sum\limits_{n=1}^{\infty}\dfrac{1}{n(n+1)}$；

（3）$\sum\limits_{n=1}^{\infty}\dfrac{(n+1)!}{2^n}$；　　（4）$\sum\limits_{n=1}^{\infty}\dfrac{1}{n^n}$.

3. 能否用比值审敛法判别级数 $\sum\limits_{n=1}^{\infty}\dfrac{2+(-1)^n}{2^n}$ 的敛散性？若不能，应如何判别其敛散性？

4.3   交错级数及其收敛的判别法

4.3.1   交错级数的定义

定义 4.3.1   各项正负相间的级数，即形如 $\displaystyle\sum_{n=1}^{\infty}(-1)^{n-1}a_n$ 或

$\displaystyle\sum_{n=1}^{\infty}(-1)^n a_n(a_n\geqslant 0)$ 的级数称为交错级数.

交错级数的各项是正负交替出现的，与正项级数形式完全不同，其收敛性可由下面的莱布尼茨判别法来判定.

4.3.2   交错级数收敛的判别法

莱布尼茨判别法可以简记为：若交错级数 $\displaystyle\sum_{n=1}^{\infty}(-1)^{n-1}a_n$ 对应的数列 $\{a_n\}$ 单调减少且趋于 0，则 $\displaystyle\sum_{n=1}^{\infty}(-1)^{n-1}a_n$ 收敛.

定理 4.3.1(莱布尼茨判别法)   若交错级数 $\displaystyle\sum_{n=1}^{\infty}(-1)^{n-1}a_n$ 满足条件

(1) $a_n\geqslant a_{n+1}(n=1,2,\cdots)$；

(2) $\displaystyle\lim_{n\to\infty}a_n=0$，

则 $\displaystyle\sum_{n=1}^{\infty}(-1)^{n-1}a_n$ 收敛，且其和 $s\leqslant a_1$，余项 r_n 满足 $|r_n|\leqslant a_{n+1}$.

证   首先考虑交错级数 $\displaystyle\sum_{n=1}^{\infty}(-1)^{n-1}a_n$ 的部分和数列 $\{s_n\}$ 中的偶数项

$$s_2,s_4,s_6,\cdots,s_{2k-2},s_{2k},\cdots,$$

其中 $s_{2k}=(a_1-a_2)+(a_3-a_4)+\cdots+(a_{2k-1}-a_{2k})$. 由条件(1)知括号中的差都不是负的，所以数列 $\{s_{2k}\}$ 单调增加.

再把 s_{2k} 改写成

$$s_{2k}=a_1-(a_2-a_3)-(a_4-a_5)-\cdots-(a_{2k-2}-a_{2k-1})-a_{2k}$$
$$=a_1-[(a_2-a_3)+(a_4-a_5)+\cdots+(a_{2k-2}-a_{2k-1})+a_{2k}],$$

同样由条件(1)知括号中的差都不是负的，所以 $s_{2k}\leqslant a_1$，即数列 $\{s_{2k}\}$ 有上界. 综上，数列 $\{s_{2k}\}$ 单调增加有上界，从而 $\{s_{2k}\}$ 必存在极限，设此极限值为 s，则有

$$\lim_{k\to\infty}s_{2k}=s(s\leqslant a_1).$$

再考虑部分和数列 $\{s_n\}$ 中的奇数项

$$s_1,s_3,s_5,\cdots,s_{2k-1},s_{2k+1},\cdots,$$

由于 $s_{2k+1}=s_{2k}+a_{2k+1}$，而 $\lim\limits_{k\to\infty}a_{2k+1}=0$，所以有

$$\lim_{k\to\infty}s_{2k+1}=\lim_{k\to\infty}s_{2k}+\lim_{k\to\infty}a_{2k+1}=s+0=s.$$

这就说明了交错级数 $\sum\limits_{n=1}^{\infty}(-1)^{n-1}a_n$ 前偶数项和与前奇数项和都趋

于同一极限值 s，故 $\sum\limits_{n=1}^{\infty}(-1)^{n-1}a_n$ 的部分和数列满足 $\lim\limits_{n\to\infty}s_n=s(s\le$

$a_1)$，即 $\sum\limits_{n=1}^{\infty}(-1)^{n-1}a_n$ 收敛于 s，且 $s\le a_1$.

最后考察 $\sum\limits_{n=1}^{\infty}(-1)^{n-1}a_n$ 的余项 r_n. 不难看出 r_n 的绝对值满足

$$|r_n|=|a_{n+1}-a_{n+2}+a_{n+3}-a_{n+4}+\cdots|$$
$$=a_{n+1}-a_{n+2}+a_{n+3}-a_{n+4}+\cdots.$$

上式等号右端的级数也是满足条件(1)和(2)的交错级数，故它的
和不大于首项，即 $|r_n|\le a_{n+1}$.

例 4. 3. 1　判定交错级数 $\sum\limits_{n=1}^{\infty}(-1)^{n-1}\dfrac{1}{n}$ 的敛散性.

解　$\sum\limits_{n=1}^{\infty}(-1)^{n-1}\dfrac{1}{n}$ 是交错级数，满足定理 4.3.1 的条件，即

(1) $a_n=\dfrac{1}{n}>\dfrac{1}{n+1}=a_{n+1}(n=1,2,\cdots)$；

(2) $\lim\limits_{n\to\infty}a_n=\lim\limits_{n\to\infty}\dfrac{1}{n}=0$，所以 $\sum\limits_{n=1}^{\infty}(-1)^{n-1}\dfrac{1}{n}$ 收敛.

例 4. 3. 2　验证交错级数 $\sum\limits_{n=1}^{\infty}(-1)^n\dfrac{1}{\sqrt{n}}$ 是收敛的.

解　由于交错级数 $\sum\limits_{n=1}^{\infty}(-1)^n\dfrac{1}{\sqrt{n}}$ 满足：

(1) $\dfrac{1}{\sqrt{n}}>\dfrac{1}{\sqrt{n+1}}$；

(2) $\lim\limits_{n\to\infty}a_n=\lim\limits_{n\to\infty}\dfrac{1}{\sqrt{n}}=0$，由莱布尼茨判别法知 $\sum\limits_{n=1}^{\infty}(-1)^n\dfrac{1}{\sqrt{n}}$ 收敛.

定理 4. 3. 2　（柯西审敛原理）级数 $\sum\limits_{n=1}^{\infty}a_n$ 收敛 $\Leftrightarrow \forall\varepsilon>0$，$\exists N\in$
$\mathbf{N}_+$，$\forall n>N$，$\forall p\in\mathbf{N}_+$，都有 $|a_{n+1}+a_{n+2}+\cdots+a_{n+p}|<\varepsilon$ 成立.

证　级数 $\sum\limits_{n=1}^{\infty}a_n$ 收敛 $\Leftrightarrow$ 数列 $\{s_n\}$ 收敛

$$\Leftrightarrow \forall \varepsilon > 0, \ \exists N \in \mathbf{N}_+, \ \forall n > N, \ \forall p \in \mathbf{N}_+,$$

都有

$$|s_{n+p} - s_n| = |a_{n+1} + a_{n+2} + \cdots + a_{n+p}| < \varepsilon.$$

由定理 4.3.2 的必要性,若级数 $\displaystyle\sum_{n=1}^{\infty} a_n$ 收敛,取 $p = 1$,则对任意给定的正数 ε,存在一个自然数 N,当 $n > N$ 时,有 $|a_{n+1}| < \varepsilon$,即 $\displaystyle\lim_{n \to \infty} a_n = 0$,于是得到级数收敛的必要条件.

利用柯西审敛原理也容易判定级数 $\displaystyle\sum_{n=1}^{\infty} \frac{1}{n}$ 是发散的. 对 $\forall p \in \mathbf{N}_+$,有

$$|a_{n+1} + a_{n+2} + \cdots + a_{n+p}| = \frac{1}{n+1} + \frac{1}{n+2} + \cdots + \frac{1}{n+p}$$

$$> \frac{1}{n+p} + \frac{1}{n+p} + \cdots + \frac{1}{n+p}$$

$$= \frac{p}{n+p},$$

现取 $p = n$ 得 $|a_{n+1} + a_{n+2} + \cdots + a_{n+p}| > \dfrac{1}{2}$,因此,如果取 $\varepsilon = \dfrac{1}{2}$,则不论取多大的 N,都不能使当 $n > N$ 时,恒有 $|a_{n+1} + a_{n+2} + \cdots + a_{n+p}| < \dfrac{1}{2}$,由柯西审敛原理知,级数 $\displaystyle\sum_{n=1}^{\infty} \frac{1}{n}$ 发散.

4.4 任意项级数及绝对收敛、条件收敛

前面介绍了各项都有一定要求的正项级数与交错级数及其审敛法,下面介绍各项没有任何要求的任意项级数及其审敛法,注意到前两者都是它的特例.

4.4.1 任意项级数

定义 4.4.1 若级数 $\displaystyle\sum_{n=1}^{\infty} a_n$ 中各项为任意实数,则称 $\displaystyle\sum_{n=1}^{\infty} a_n$ 为任意项级数.

易知,将任意项级数 $\displaystyle\sum_{n=1}^{\infty} a_n$ 中的各项取绝对值可以得到正项级数,而对正项级数,已经学习了几种审敛法,可以考虑通过正项级数收敛情况来判断与之相关的任意项级数的收敛性问题.

首先考虑级数 $\sum\limits_{n=1}^{\infty}(-1)^{n-1}\dfrac{1}{n^2}$，由定理 4.3.1 知 $\sum\limits_{n=1}^{\infty}(-1)^{n-1}\dfrac{1}{n^2}$ 收

敛，而 $\sum\limits_{n=1}^{\infty}\left|(-1)^{n-1}\dfrac{1}{n^2}\right|=\sum\limits_{n=1}^{\infty}\dfrac{1}{n^2}$ 是 p-级数，又由于 $p>1$，故 $\sum\limits_{n=1}^{\infty}\dfrac{1}{n^2}$ 收

敛. 再考虑级数 $\sum\limits_{n=1}^{\infty}(-1)^{n-1}\dfrac{1}{n}$，由定理 4.3.1 知 $\sum\limits_{n=1}^{\infty}(-1)^{n-1}\dfrac{1}{n}$ 收敛，

但 $\sum\limits_{n=1}^{\infty}\left|(-1)^{n-1}\dfrac{1}{n}\right|=\sum\limits_{n=1}^{\infty}\dfrac{1}{n}$ 是调和级数，由例 4.1.3 知 $\sum\limits_{n=1}^{\infty}\dfrac{1}{n}$ 发散.

由此可见，当级数 $\sum\limits_{n=1}^{\infty}a_n$ 收敛时，级数 $\sum\limits_{n=1}^{\infty}|a_n|$ 的敛散性是不

确定的. 为此我们给出下面的定义.

> **定义 4.4.2** 若任意项级数 $\sum\limits_{n=1}^{\infty}u_n$ 各项取绝对值后形成的级数 $\sum\limits_{n=1}^{\infty}|u_n|$ 收敛，则称级数 $\sum\limits_{n=1}^{\infty}u_n$ 绝对收敛. 若级数 $\sum\limits_{n=1}^{\infty}|u_n|$ 发散，但 $\sum\limits_{n=1}^{\infty}u_n$ 收敛，则称 $\sum\limits_{n=1}^{\infty}u_n$ 条件收敛.

由定义 4.4.2 可知级数 $\sum\limits_{n=1}^{\infty}(-1)^{n-1}\dfrac{1}{n^2}$ 绝对收敛；而级数 $\sum\limits_{n=1}^{\infty}(-1)^{n-1}\dfrac{1}{n}$ 条件收敛.

任意项级数绝对收敛与收敛有下面的重要关系.

4.4.2 任意项级数收敛的绝对收敛法

> **定理 4.4.1** 若 $\sum\limits_{n=1}^{\infty}|a_n|$ 收敛，则级数 $\sum\limits_{n=1}^{\infty}a_n$ 必定收敛

证 由于 $0\leqslant(a_n+|a_n|)\leqslant 2|a_n|$ 且已知 $\sum\limits_{n=1}^{\infty}|a_n|$ 收敛，则

级数 $\sum\limits_{n=1}^{\infty}(a_n+|a_n|)$ 收敛，又 $a_n=(a_n+|a_n|)-|a_n|$，从而得级

数 $\sum\limits_{n=1}^{\infty}a_n$ 收敛.

由定义 4.4.2 和定理 4.4.1 可知收敛的任意项级数要么绝对收

敛，要么条件收敛. 根据定理 4.4.1，若能利用正项级数审敛法判定

级数 $\sum\limits_{n=1}^{\infty}|a_n|$ 收敛，则级数 $\sum\limits_{n=1}^{\infty}a_n$ 必收敛. 但是若级数 $\sum\limits_{n=1}^{\infty}|u_n|$ 发

散，一般来讲，级数 $\sum\limits_{n=1}^{\infty}u_n$ 未必发散，例如级数 $\sum\limits_{n=1}^{\infty}(-1)^{n-1}\dfrac{1}{n}$. 若

$|u_n|$ 当 $n\to\infty$ 时不趋近于 0，由极限理论知当 $n\to\infty$ 时 u_n 也不趋

近于 0，则由 $\sum\limits_{n=1}^{\infty}|u_n|$ 发散可知 $\sum\limits_{n=1}^{\infty}u_n$ 发散.

例 4.4.1

判定级数 $\sum\limits_{n=1}^{\infty}\dfrac{\sin\dfrac{n}{3}\alpha}{n^2}$ 的收敛性.

解　由于

$$\left|\frac{\sin\dfrac{n}{3}\alpha}{n^2}\right|\leqslant\frac{1}{n^2},$$

而 $\sum\limits_{n=1}^{\infty}\dfrac{1}{n^2}$ 收敛，故 $\sum\limits_{n=1}^{\infty}\left|\dfrac{\sin\dfrac{n}{3}\alpha}{n^2}\right|$ 收敛，从而 $\sum\limits_{n=1}^{\infty}\dfrac{\sin\dfrac{n}{3}\alpha}{n^2}$ 也收敛.

例 4.4.2

判定级数 $\sum\limits_{n=1}^{\infty}(-1)^n\sin\dfrac{x}{n}$ 的收敛性.

解　由于 $|u_n|=\left|(-1)^n\sin\dfrac{x}{n}\right|=\sin\dfrac{x}{n}$，当 $n\to\infty$ 时，$\sin\dfrac{x}{n}$ 是与 $\dfrac{x}{n}$ 等价的无穷小量，故 $\sum\limits_{n=1}^{\infty}\sin\dfrac{x}{n}$ 发散，于是 $\sum\limits_{n=1}^{\infty}|u_n|$ 发散，所以原级数不绝对收敛. 当 $\dfrac{x}{n}<\dfrac{\pi}{2}$ 即 $n>\dfrac{2}{\pi}x$ 时，$\sin\dfrac{x}{n}>\sin\dfrac{x}{n+1}$，且 $\sin\dfrac{x}{n}\to0(n\to\infty)$，所以级数 $\sum\limits_{n=1}^{\infty}(-1)^n\sin\dfrac{x}{n}$ 在 $n>\dfrac{2}{\pi}x$ 的部分是莱布尼茨型交错级数，因此它是条件收敛的.

　　绝对收敛级数具有很多条件收敛级数没有的性质，下面不加证明地列出.

4.4.3　绝对收敛级数的性质

性质 1　若级数 $\sum\limits_{n=1}^{\infty}a_n$ 绝对收敛，其和为 s，则任意交换此级数的各项次序后所得到的新级数 $\sum\limits_{n=1}^{\infty}b_n$ 也绝对收敛，且其和仍为 s.

性质 2　若级数 $\sum\limits_{n=1}^{\infty}a_n$ 与 $\sum\limits_{n=1}^{\infty}b_n$ 都绝对收敛，它们的和分别为 s 和 σ，则由它们的各项乘积所得到的新级数 $\sum\limits_{i,k=1}^{\infty}a_ib_k$ 也绝对收敛，且其和为 $s\sigma$.

习题 4.4

1. 判定级数 $\sum\limits_{n=1}^{\infty}(-1)^n\dfrac{1}{2^n}\left(1+\dfrac{1}{n}\right)^{n^2}$ 的收敛性.

2. $\sum\limits_{n=1}^{\infty}(-1)^n\dfrac{1}{\sqrt{n+1}}$ 是交错级数还是一般的任意项级数? 并判断它们是绝对收敛、条件收敛还是发散?

4.5　幂级数

在前面讨论的常数项级数的概念、性质及审敛法的基础上, 本节将介绍函数项级数的基本概念、收敛性及其性质. 幂级数是一类最简单的函数项级数, 在实际问题中以及对数学本身, 都有着广泛的应用.

4.5.1　函数项级数的相关概念

根据常数项级数的定义方式, 立即可以得到函数项级数的定义.

> **定义 4.5.1**　级数的每一项都是某个变量的函数, 就称为**函数项级数**. 设 $\{a_n(x)\}$ 是定义在区间 D 上的函数列, 将 $\{a_n(x)\}$ 中各项依次用加号连接起来, 称表达式
> $$a_1(x)+a_2(x)+\cdots+a_n(x)+\cdots$$
> 为函数项无穷级数, 简称**函数项级数**, 记作 $\sum\limits_{n=1}^{\infty}a_n(x)$, 其中 $a_n(x)$ 称为它的**通项**, 前 n 项和 $s_n(x)=\sum\limits_{k=1}^{n}a_k(x)$ 称为它的**部分和**.

注意到, 取定 $x=x_0\in D$ 时, 则对应的函数项级数 $\sum\limits_{n=1}^{\infty}a_n(x)$ 变成常数项级数 $\sum\limits_{n=1}^{\infty}a_n(x_0)$.

> **定义 4.5.2**　若常数项级数 $\sum\limits_{n=1}^{\infty}a_n(x_0)$ 收敛, 则称 x_0 是函数项级数 $\sum\limits_{n=1}^{\infty}a_n(x)$ 的**收敛点**, 由收敛点构成的集合称为该级数的**收敛域**. 若常数项级数 $\sum\limits_{n=1}^{\infty}a_n(x_0)$ 发散, 则称 x_0 是函数项级数 $\sum\limits_{n=1}^{\infty}a_n(x)$ 的**发散点**, 由发散点构成的集合称为该级数的**发散域**.
>
> 若任意 $x\in D$, 级数 $\sum\limits_{n=1}^{\infty}a_n(x)$ 都收敛, 则称该级数在 D 上处处收敛.

此时称由 $s(x)=\lim\limits_{n\to\infty}s_n(x)$，$x\in D$ 定义的函数 $s(x)$ 为该级数的**和函数**.

例如，$\sum\limits_{n=1}^{\infty}x^{n-1}=1+x+x^2+\cdots+x^{n-1}+\cdots$ 是定义在 $(-\infty,+\infty)$ 上的函数项级数. 当 $|x|<1$ 时，级数收敛；当 $|x|\geqslant 1$ 时，级数发散. 所以，此级数的收敛域为 $(-1,1)$；发散域为 $(-\infty,-1]$ 和 $[1,+\infty)$，其和函数为 $\dfrac{1}{1-x}$.

4.5.2　幂级数及其收敛性

幂级数的所有部分和数列 $\{s_n(x)\}$ 都是普通的多项式. 因而只要它收敛，则它的和函数总可以用多项式来近似表达.

1. 幂级数的形式

幂级数的一般形式为

$$\sum_{n=0}^{\infty}a_n(x-x_0)^n=a_0+a_1(x-x_0)+a_2(x-x_0)^2+\cdots+a_n(x-x_0)^n+\cdots.$$

令 $y=x-x_0$，则有

$$\sum_{n=0}^{\infty}a_n y^n=a_0+a_1 y+a_2 y^2+\cdots+a_n y^n+\cdots.$$

为方便起见，只讨论形如

$$\sum_{n=0}^{\infty}a_n x^n=a_0+a_1 x+a_2 x^2+\cdots+a_n x^n+\cdots$$

的幂级数，其中 a_0，a_1，a_2，$\cdots$ 称为幂级数 $\sum\limits_{n=0}^{\infty}a_n x^n$ 的**系数**，它们均为实数.

2. 幂级数的收敛性

定理 4.5.1(阿贝尔定理)

(1) 若级数 $\sum\limits_{n=0}^{\infty}a_n x^n$ 在 $x=x_0(\neq 0)$ 处收敛，则它在区间 $(-|x_0|,|x_0|)$ 都绝对收敛.

(2) 若级数 $\sum\limits_{n=0}^{\infty}a_n x^n$ 在 $x=x_0(\neq 0)$ 处发散，则对任意的 x：$|x|>|x_0|$，$\sum\limits_{n=0}^{\infty}a_n x^n$ 都发散.

证 （1）设级数

$$\sum_{n=0}^{\infty} a_n x_0^n = a_0 + a_1 x_0 + a_2 x_0^2 + \cdots + a_n x_0^n + \cdots$$

收敛，这时有

$$\lim_{n\to\infty} a_n x_0^n = 0,$$

从而数列 $\{a_n x_0^n\}$ 有界，即 $\exists M>0$，有

$$|a_n x_0^n| \leqslant M, n=0,1,2,\cdots.$$

又级数 $\sum_{n=0}^{\infty} a_n x^n$ 的一般项的绝对值可以写成

$$\left| a_n x_0^n \right| = \left| a_n x_0^n \frac{x^n}{x_0^n} \right| = \left| a_n x_0^n \right| \left| \frac{x^n}{x_0^n} \right| \leqslant M \left| \frac{x^n}{x_0^n} \right|.$$

而当 $|x| < |x_0|$ 时，几何级数 $\sum_{n=0}^{\infty} M \left| \dfrac{x^n}{x_0^n} \right|$ 收敛. 从而级数

$\sum_{n=0}^{\infty} |a_n x_0^n|$ 收敛，故级数 $\sum_{n=0}^{\infty} a_n x^n$ 绝对收敛.

（2）用反证法.

假设 $\exists x_1 : |x_1| > |x_0|$，使级数 $\sum_{n=0}^{\infty} a_n x^n$ 收敛，于是由（1）知

级数 $\sum_{n=0}^{\infty} a_n x^n$ 在 x_0 处收敛，这与假设矛盾，从而定理得证.

由阿贝尔定理可以看出，若幂级数 $\sum_{n=0}^{\infty} a_n x^n$ 存在异于零的收敛

点，则它的收敛域是以原点为中心的区间，收敛点与发散点不可能交错地落在同一区间内. 因此，收敛区间与发散区间的分界点 $x_0 = R>0$ 总是存在的. 我们称 R 为幂级数的**收敛半径**. 于是便得到下面的结论. 对于任一个幂级数来说，除去只在 $x=0$ 处收敛与任一点 x 处都收敛外，都有一个收敛半径 $R>0$. 当 $|x|<R$ 时，级数绝对收敛；当 $|x|>R$ 时，级数发散；当 $|x|=R$ 时，可能收敛也可能发散. 我们可把收敛半径的概念推广到收敛半径为 0 和 $+\infty$. 下面介绍幂级数收敛半径的求法.

> 对幂级数来说总存在一个收敛半径.

> **定理 4.5.2**　若幂级数 $\sum_{n=0}^{\infty} a_n x^n$ 的系数满足
>
> $$\lim_{n\to\infty} \left| \frac{a_{n+1}}{a_n} \right| = \rho \ \text{或} \lim_{n\to\infty} \sqrt[n]{|a_n|} = \rho \, (0 \leqslant \rho \leqslant +\infty),$$
>
> 则它的收敛半径

$$R = \begin{cases} \dfrac{1}{\rho}, & \rho \neq 0, \\ +\infty, & \rho = 0, \\ 0, & \rho = +\infty. \end{cases}$$

证　仅证明 $\lim\limits_{n \to \infty} \left| \dfrac{a_{n+1}}{a_n} \right| = \rho$ 的情形，$\lim\limits_{n \to \infty} \sqrt[n]{|a_n|} = \rho$ 的情形类似可证.

由正项级数的比值判别法，可得

$$\lim_{n \to \infty} \left| \frac{a_{n+1} x^{n+1}}{a_n x^n} \right| = \lim_{n \to \infty} \left| \frac{a_{n+1}}{a_n} \right| |x| = \rho |x|.$$

(1) 若 $0 < \rho < +\infty$，则当 $\rho |x| < 1$，即 $|x| < \dfrac{1}{\rho}$ 时，级数 $\sum\limits_{n=0}^{\infty} a_n x^n$ 绝对收敛，从而收敛；当 $\rho |x| > 1$，即 $|x| > \dfrac{1}{\rho}$ 时，级数 $\sum\limits_{n=0}^{\infty} |a_n x^n|$ 发散，并且从某一项开始满足 $|a_{n+1} x^{n+1}| > |a_n x^n|$，因此级数 $\sum\limits_{n=0}^{\infty} |a_n x^n|$ 的一般项 $|a_n x^n|$ 当 $n \to \infty$ 时不能趋于零，从而 $a_n x^n$ 也不能趋于零，所以幂级数 $\sum\limits_{n=0}^{\infty} a_n x^n$ 发散.

(2) 若 $\rho = 0$，对任何 x 都有 $\rho |x| = 0 < 1$，所以幂级数 $\sum\limits_{n=0}^{\infty} a_n x^n$ 在整个数轴上绝对收敛，$R = +\infty$.

(3) 若 $\rho = +\infty$，则对任意 $x \neq 0$，都有 $\rho |x| = +\infty$，所以对一切 $x \neq 0$，级数 $\sum\limits_{n=0}^{\infty} |a_n x^n|$ 发散，从而 $\sum\limits_{n=0}^{\infty} a_n x^n$ 也发散，否则由定理 4.5.1 知将有 $x \neq 0$ 使级数 $\sum\limits_{n=0}^{\infty} |a_n x^n|$ 收敛，出现矛盾，于是 $R = 0$.

例 4.5.1　求幂级数 $\sum\limits_{n=1}^{\infty} (-1)^{n-1} \dfrac{x^n}{n} = x - \dfrac{x^2}{2} + \dfrac{x^3}{3} - \cdots + (-1)^{n-1} \dfrac{x^n}{n} + \cdots$ 的收敛域.

解　由于

$$\rho = \lim_{n \to \infty} \left| \frac{a_{n+1}}{a_n} \right| = \lim_{n \to \infty} \frac{\dfrac{1}{n+1}}{\dfrac{1}{n}} = 1,$$

则该级数的收敛半径为 $R = \dfrac{1}{1} = 1$.

当 $x = -1$ 时，级数 $\displaystyle\sum_{n=1}^{\infty} (-1)^{2n-1} \dfrac{1}{n} = -\sum_{n=1}^{\infty} \dfrac{1}{n}$ 发散；当 $x = 1$ 时，

级数 $\displaystyle\sum_{n=1}^{\infty} (-1)^{n-1} \dfrac{1}{n}$ 是交错级数，由莱布尼茨判别法知该级数收敛.

从而该级数的收敛域为 $(-1, 1]$.

例 4.5.2 求幂级数 $\displaystyle\sum_{n=1}^{\infty} (-1)^n \dfrac{5^n x^n}{\sqrt{n}}$ 的收敛域.

解 $\rho = \lim\limits_{n\to\infty} \left| \dfrac{a_{n+1}}{a_n} \right| = \lim\limits_{n\to\infty} \left| \dfrac{(-1)^{n+1} \dfrac{5^{n+1}}{\sqrt{n+1}}}{(-1)^n \dfrac{5^n}{\sqrt{n}}} \right| = \lim\limits_{n\to\infty} 5 \dfrac{\sqrt{n}}{\sqrt{n+1}} = 5,$

从而该级数的收敛半径 $R = \dfrac{1}{5}$.

当 $x = \dfrac{1}{5}$ 时，级数成为 $\displaystyle\sum_{n=1}^{\infty} \dfrac{(-1)^n}{\sqrt{n}}$，这是莱布尼茨型交错级数，

故收敛. 当 $x = -\dfrac{1}{5}$ 时，级数成为 $\displaystyle\sum_{n=1}^{\infty} \dfrac{1}{\sqrt{n}}$，这是 $p = \dfrac{1}{2}$ 的 p-级数，故

发散. 所以，该级数的收敛域为 $\left(-\dfrac{1}{5}, \dfrac{1}{5} \right]$.

例 4.5.3 求幂级数 $\displaystyle\sum_{n=0}^{\infty} (-1)^n \dfrac{x^n}{n!}$ 的收敛半径.

解 $\rho = \lim\limits_{n\to\infty} \left| \dfrac{(-1)^{n+1} \dfrac{1}{(n+1)!}}{(-1)^n \dfrac{1}{n!}} \right| = \lim\limits_{n\to\infty} \dfrac{1}{n+1} = 0,$

所以，收敛半径 R 为 $+\infty$，级数的收敛域为 $(-\infty, +\infty)$.

例 4.5.4 求幂级数 $\dfrac{x^2}{1\times 3} + \dfrac{x^4}{2\times 3^2} + \dfrac{x^6}{3\times 3^3} + \cdots$ 的收敛半径.

解 有必要指出，前述定理只适用于 $\displaystyle\sum_{n=0}^{\infty} a_n x^n$，$a_n \neq 0$，$n = 1$,

2, $\cdots$. 我们称之为不缺项情况. 而本例中只含 x 的偶次幂，不含 x 的奇次幂. 我们称之为缺项情形. 对于缺项情形不能用前述定理. 本例中可以设 $y = x^2$，将原级数化为不缺项情形而利用定理. 为了 具有一般性. 本例采用通常的方法. 考虑后项与前项绝对值之比的 极限，得

$$\lim_{n \to \infty} \left| \frac{a_{n+1}}{a_n} \right| = \lim_{n \to \infty} \left| \frac{\dfrac{1}{(n+1)3^{n+1}}x^{2(n+1)}}{\dfrac{1}{n \cdot 3^n}x^{2n}} \right| = \lim_{n \to \infty} \frac{nx^2}{3(n+1)} = \frac{1}{3}x^2,$$

根据正项级数的比值判别法可知当 $\frac{1}{3}x^2 < 1$ 即 $-\sqrt{3} < x < \sqrt{3}$ 时,所给级数绝对收敛,当 $|x| > 3$ 时,所给级数发散. 因此所给级数的收敛半径 $R = \sqrt{3}$.

4.5.3 幂级数的运算

下面定理给出了收敛幂级数的四则运算法则.

定理 4.5.3 设幂级数 $\sum_{n=0}^{\infty} a_n x^n$ 与 $\sum_{n=0}^{\infty} b_n x^n$ 的收敛半径分别为 R_1 和 R_2,令 $R = \min\{R_1, R_2\}$,则有

$$\lambda \sum_{n=0}^{\infty} a_n x^n = \sum_{n=0}^{\infty} \lambda a_n x^n, \quad \lambda \text{ 为常数}, \ |x| < R_1;$$

$$\sum_{n=0}^{\infty} a_n x^n \pm \sum_{n=0}^{\infty} b_n x^n = \sum_{n=0}^{\infty} (a_n \pm b_n) x^n, \ |x| < R;$$

$$\left(\sum_{n=0}^{\infty} a_n x^n \right) \left(\sum_{n=0}^{\infty} b_n x^n \right) = \sum_{n=0}^{\infty} c_n x^n, \ \text{其中} \ c_n = \sum_{k=0}^{n} a_k b_{n-k}, \ |x| < R;$$

$$\sum_{n=0}^{\infty} a_n x^n \bigg/ \sum_{n=0}^{\infty} b_n x^n = \sum_{n=0}^{\infty} c_n x^n,$$

其中 $b_0 \neq 0$, $a_n = \sum_{k=0}^{n} b_k c_{n-k}$, $|x| < R_0$, R_0 比 R_1 和 R_2 都小.

例如 $\sum_{n=0}^{\infty} a_n x^n = 1$,其中 $a_0 = 1$, $a_n = 0$, $n = 1, 2, \cdots$, $\sum_{n=0}^{\infty} b_n x^n = 1 - x$,其中 $b_0 = 1$, $b_1 = -1$, $b_n = 0$, $n = 2, 3, \cdots$,这两个级数的收敛半径均为 $R = +\infty$,但是 $\sum_{n=0}^{\infty} a_n x^n \bigg/ \sum_{n=0}^{\infty} b_n x^n = \frac{1}{1-x} = \sum_{n=0}^{\infty} x^n = 1 + x + x^2 + \cdots + x^n + \cdots$ 的收敛半径只是 $R_0 = 1$. 证明略.

4.5.4 幂级数和函数的性质

下面定理给出了幂级数的和函数的重要性质,这些性质在求幂级数的和函数时能起到重要作用.

定理 4.5.4 若幂级数 $\sum_{n=0}^{\infty} a_n x^n$ 的收敛半径为 R,则其和函数 $s(x)$ 满足:

（1）在收敛区间$(-R,R)$上连续；

（2）在收敛区间$(-R,R)$内可逐项求导，即$s'(x) = \sum_{n=0}^{\infty} (a_n x^n)' = \sum_{n=1}^{\infty} n a_n x^{n-1}, \; x \in (-R,R)$；

（3）在收敛区间$(-R,R)$内可逐项积分，且$\int_0^x s(x) \mathrm{d}x = \sum_{n=0}^{\infty} a_n \int_0^x x^n \mathrm{d}x, \; x \in (-R,R)$. 并且逐项求导和逐项积分后所得的幂级数的收敛半径仍为R，但在收敛区间端点的敛散性有可能改变.

例 4.5.5　求幂级数$\sum_{n=0}^{\infty} (n+1)x^n$的和函数$s(x)$.

解　容易求得级数$\sum_{n=0}^{\infty} (n+1)x^n$的收敛区间为$(-1,1)$，设$\sum_{n=0}^{\infty} (n+1)x^n = s(x)$，逐项积分，得

$$\int_0^x s(x)\,\mathrm{d}x = \sum_{n=0}^{\infty} \int_0^x (n+1)x^n \mathrm{d}x$$
$$= x + x^2 + \cdots + x^{n+1} + \cdots = x(1 + x + x^2 + \cdots + x^n + \cdots)$$
$$= \frac{x}{1-x} (\,|x| < 1).$$

上式两端对上限变量x求导，得

$$s(x) = \frac{1}{(1-x)^2},$$

所以

$$\sum_{n=0}^{\infty} (n+1)x^n = \frac{1}{(1-x)^2} (\,|x| < 1).$$

例 4.5.6　求幂级数$x - \dfrac{x^2}{2} + \dfrac{x^3}{3} - \dfrac{x^4}{4} + \cdots$的和函数$s(x)$.

解　由于几何级数$1 - x + x^2 - x^3 + \cdots$的收敛区间为$(-1,1)$，和函数为$\dfrac{1}{1+x}$，所给级数与几何级数相比，对应项的系数分母中含有$n$.

令所给级数在收敛区间$(-1,1)$内的和函数为$s(x)$，即

$$s(x) = x - \frac{x^2}{2} + \frac{x^3}{3} - \frac{x^4}{4} + \cdots.$$

利用幂级数在其收敛区间内可以求导的性质，可得

$$s'(x) = \left(x - \frac{x^2}{2} + \frac{x^3}{3} - \frac{x^4}{4} + \cdots\right)' = 1 - x + x^2 - x^3 + \cdots = \frac{1}{1+x},$$

因而当 $x \in (-1, 1)$ 时，有

$$s(x) - s(0) = \int_0^x s'(x)\,\mathrm{d}x = \int_0^x \frac{1}{1+x}\mathrm{d}x,$$

其中 $s(0) = 0$，所以

$$s(x) = \ln(1+x),$$

即

$$x - \frac{x^2}{2} + \frac{x^3}{3} - \frac{x^4}{4} + \cdots = \ln(1+x), \quad -1 < x < 1.$$

例 4.5.7 求幂级数 $\displaystyle\sum_{n=1}^{\infty} \frac{n(n+1)}{2^n}$ 的和.

解 作级数

$$\sum_{n=1}^{\infty} n(n+1)x^n,$$

易知其收敛区间为 $(-1, 1)$. 当 $x = \dfrac{1}{2}$ 时，该幂级数就成为题目给的数项级数. 于是，我们先求该幂级数的和函数

$$\begin{aligned}
s(x) &= \sum_{n=1}^{\infty} n(n+1)x^n = x \cdot \sum_{n=1}^{\infty} (x^{n+1})'' \\
&= x\left(\sum_{n=1}^{\infty} x^{n+1}\right)'' \\
&= x\left(\frac{x^2}{1-x}\right)'' = \frac{2x}{(1-x)^3}, \quad |x| < 1.
\end{aligned}$$

故

$$\sum_{n=1}^{\infty} \frac{n(n+1)}{2^n} = s\left(\frac{1}{2}\right) = \frac{2 \cdot \dfrac{1}{2}}{\left(1 - \dfrac{1}{2}\right)^3} = 8.$$

习题 4.5

1. 求幂级数的收敛域：

(1) $\displaystyle\sum_{n=1}^{\infty} \frac{(n!)^2}{(2n)!}x^n$;　　(2) $\displaystyle\sum_{n=1}^{\infty} \frac{(x-2)^{2n-1}}{(2n-1)!}$;

(3) $\displaystyle\sum_{n=1}^{\infty} \frac{3^n + (-2)^n}{n}(x+1)^n$;

(4) $\displaystyle\sum_{n=1}^{\infty} \left(1 + \frac{1}{2} + \cdots + \frac{1}{n}\right)x^n$.

2. 求幂级数 $\displaystyle\sum_{n=1}^{\infty} \frac{x^n}{n+1}$ 的收敛域及和函数.

3. 求幂级数 $\displaystyle\sum_{n=1}^{\infty} nx^{n-1}$ 的收敛域及和函数.

4. 求幂级数 $\displaystyle\sum_{n=1}^{\infty} nx^n$ 及 $\displaystyle\sum_{n=1}^{\infty} n^2 x^n$ 在其收敛区间 $(-1, 1)$ 内的和函数.

第4章总习题

1. 根据级数的前几项的规律，写出它们的一般项:

(1) $2+\dfrac{5}{8}+\dfrac{8}{27}+\dfrac{11}{64}+\cdots$;

(2) $\dfrac{1}{2}+\dfrac{1\times4}{2\times7}+\dfrac{1\times4\times7}{2\times7\times12}+\dfrac{1\times4\times7\times10}{2\times7\times12\times17}+\cdots$;

(3) $\dfrac{2}{1}+\dfrac{1}{2}+\dfrac{4}{3}+\dfrac{3}{4}+\cdots$;

(4) $\dfrac{a^2}{3}-\dfrac{a^3}{5}+\dfrac{a^4}{7}-\dfrac{a^5}{9}+\cdots$.

2. 判别级数的敛散性:

(1) $\displaystyle\sum_{n=1}^{\infty}\left(1+\dfrac{1}{n}\right)^{n}$; (2) $-\dfrac{2}{3}+\dfrac{2^2}{3^2}-\dfrac{2^3}{3^3}+\dfrac{2^4}{3^4}-\cdots$.

3. 用比值审敛法判别级数的敛散性:

(1) $\displaystyle\sum_{n=1}^{\infty}\dfrac{n!}{10^n}$; (2) $\displaystyle\sum_{n=1}^{\infty}\dfrac{1}{(2n-1)2n}$.

4. 用根值审敛法判别级数的敛散性:

(1) $\displaystyle\sum_{n=1}^{\infty}\dfrac{2+(-1)^n}{2^n}$; (2) $\displaystyle\sum_{n=1}^{\infty}\left(1-\dfrac{1}{n}\right)^{n^2}$.

5. 用适当的方法判断级数的敛散性:

(1) $\displaystyle\sum_{n=1}^{\infty}\dfrac{1}{\sqrt{n(n+1)}}$; (2) $\displaystyle\sum_{n=1}^{\infty}\sin\dfrac{1}{n}$;

(3) $\displaystyle\sum_{n=1}^{\infty}\dfrac{1}{(n-1)!}$.

6. 讨论级数 $\displaystyle\sum_{n=1}^{\infty}\dfrac{1}{n\cdot2^{n-1}}$ 的敛散性.

7. 求幂级数 $\displaystyle\sum_{n=0}^{\infty}n!x^n=1+x+2!x^2+\cdots+n!x^n+\cdots$的收敛区间.

8. 求幂级数 $\displaystyle\sum_{n=0}^{\infty}\dfrac{x^{2n}}{(2n)!}$ 的收敛半径.

9. 求幂级数 $\displaystyle\sum_{n=1}^{\infty}\dfrac{(x-1)^n}{2^n\cdot n}$ 的收敛区间.

10. 求幂级数 $x+\dfrac{x^3}{3}+\dfrac{x^5}{5}+\cdots+\dfrac{x^{2n+1}}{2n+1}+\cdots$的收敛域及和函数.

11. 求幂级数 $\displaystyle\sum_{n=1}^{\infty}\dfrac{x^n}{n(n+1)}$ 的和函数.

参考文献

［1］赵利彬. 微积分［M］. 上海：上海财经大学出版社，2016.

［2］林举翰，杨荣领. 微积分［M］. 广州：华南理工大学出版社，2016.

［3］吴赣昌. 高等数学：医药类［M］. 北京：中国人民大学出版社，2009.

［4］陆海霞，吴耀强. 微积分［M］. 北京：中国建材工业出版社，2016.

［5］李心灿. 高等数学［M］. 北京：高等教育出版社，2003.

［6］盛祥耀，居余马，李欧，等. 高等数学［M］. 北京：高等教育出版社，2002.

［7］程晓亮，华志强，王洋，等. 微积分：Ⅱ［M］. 北京：北京大学出版社，2018.

［8］STEWART J. 微积分：第7版　上册［M］. 影印版. 北京：高等教育出版社，2014.

［9］VARBERG D，PURCELL E J，RIGDON S E. 微积分：翻译版·原书第9版［M］. 刘深泉，张万芹，张同斌，等译. 北京：机械工业出版社，2009.

［10］隋如彬，吴刚，杨兴云. 微积分：经管类［M］. 北京：科学出版社，2007.

［11］孙新蕾，童丽珍. 微积分［M］. 武汉：华中科技大学出版社，2018.

［12］刘浩荣，郭景德. 高等数学［M］. 上海：同济大学出版社，2014.

［13］张玉莲，陈仲. 微积分习题与典型题解析［M］. 南京：东南大学出版社，2018.

［14］四川大学数学系高等数学教研室. 高等数学［M］. 北京：高等教育出版社，2002.

［15］朱文莉，向开理. 微积分［M］. 北京：北京邮电大学出版社，2016.